極致嚴選
拉麵名店的
構想與調理法

瑞昇文化

東京・落合

中華そば 児ノ木 14

18	小魚乾湯頭
21	叉燒肉
22	追加麵條
22	牛肝菌油追加麵條
23	小魚乾油

14　純小魚乾蕎麥麵

16　特製小魚乾拌麵

CONTENTS ― 極致嚴選 拉麵名店的 構想與調理法

東京・西早稲田

ピコピコポン 24

28	主要湯頭
29	次要湯頭
30	麵條
32	叉燒肉
32	配料（背脂）
33	配料（蔬菜）
33	配料（大蒜）

24　拉麵

26　無湯 JUNK

静岡・裾野

麺工房 海練 うねり 34

38	豚骨湯頭
39	魚貝高湯・魚貝油
39	拌麵醬汁
40	炙烤豬肉
41	紅燒肉
42	細麵

34　魚貝豚骨拉麵 3 品豪華餐

36　拌麵 DX

東京・虎ノ門

自家製麺 ロビンソン　44

48	湯頭
50	炙烤豬肉
52	高湯
52	寬麵

44　特製中華蕎麥麵（普通）

46　沾麵（普通）

東京・下板橋

魂の中華そば 58

66	湯頭
68	麵條
70	筍乾
71	叉燒肉

58 特製中華蕎麥麵

62 鹽味中華蕎麥麵

60 沾麵

64 醬油拉麵

東京・野方

らぁめん ご恩 72

80	湯頭
82	鹽味醬汁
83	擔擔麵醬汁
84	擔擔冷麵醬汁
84	調味豬絞肉
85	叉燒豬肉
86	叉燒雞胸肉
87	筍乾
88	溏心蛋
88	雞油
89	煮麵方法

72　溏心蛋鹽味拉麵

74　溏心蛋醬油拉麵

78　擔擔冷麵

76　四川擔擔麵

東京・日本橋小伝馬町

中華そば たた味 92

98	叉燒豬肩胛肉
98	叉燒豬里肌
99	炒蔬菜・肉塊
99	日本國產牛丸腸
100	醬油醬汁
101	調味背脂

94 辛辣精力中華拉麵

92 特製精力中華套餐

96 無湯＋起司絲拌麵

東京・十条

らーめん専門 Chu-Ru-Ri チュルリ　104

108 清湯

110 白湯

104 特製芳醇鹽味拉麵

106 雙重鰹魚雞肉中華蕎麥麵

東京・大山

支那ソバ おさだ 112

116	中細麵
118	湯頭
118	煮麵方法

112 餛飩麵

114 擔擔麵

東京・阿佐ヶ谷

麺処 源玄 120

124	雞湯頭
126	小魚乾湯頭
128	醬油醬汁
129	鹽味醬汁
129	溏心蛋
130	叉燒肩胛肉
131	叉燒雞胸肉
131	叉燒雞腿肉

120　特製醬油 Soba

122　小魚乾 Soba（鹽味）溏心蛋配料

東京・高井戸東

鹽そば 時空 132

134	湯頭
135	叉燒豬肩胛燉肉
136	叉燒豬五花肉
137	醬油醬汁
138	雞油
139	餛飩
140	筍乾
141	中粗麵

132 特製動物類食材熬煮醬油之餛飩蕎麥麵

味醂活用技巧

北海道・札幌

Japanese Ramen Noodle Lab Q 55
ジャパニーズ　拉麵ヌードルラボ　キュー

57 醬油拉麵

56 特製鹽味拉麵

CONTENTS 極致嚴選 拉麵名店的構想與調理法

閱讀本書之前

●烹調過程解說中的加熱時間與加熱方法，皆以各店家店內所使用的烹調器具為依據。

●材料名稱、使用器具名稱皆為各店家慣用的稱呼方式。

●書中記載的各店家烹調方式為取材當時（2023年2月～2024年1月）所取得的資訊。然而店家持續改良並精進烹調方式與使用材料，收錄內容僅為店家精進過程中某個時期所使用的烹調方式與理念，這一點還請各位讀者諒解。

●書中記載的拉麵、沾麵、拌麵等售價與盛裝方式、使用器皿皆為2024年1月拍攝當時的資訊。售價部分未標記「不含稅」的情況，則為含稅價。

●各店鋪地址、營業時間、公休日為2024年1月的最新資訊。目前營業時間和公休日可能視情況而有所變動，前往用餐時請務必先至各店家的社群網路平台進行確認。

東京・落合

中華そば 兒ノ木

開幕於 2013 年 3 月。1 碗拉麵使用 150g 的小魚乾，拉麵的最大特色為風味強烈的小魚乾，相當受到顧客的喜愛。老闆木內克典先生沒有在拉麵店當過學徒的經驗，但透過自學不斷研究，並且受到茨城「煮干中華ソバイチカワ」的深刻啟發而在 7 年前打造出現在特有的拉麵味道。木內先生表示「我特別重視小魚乾風味。藉由添加大量小魚乾、調整火候、使用不同種類的小魚乾來打造層次分明的美味。」完全不使用鮮味粉等增味劑，僅利用小魚乾的鮮味提供味道豐富且具有深度的美味拉麵。

地址／東京都新宿上落合 1-5-3
營業時間／11 點～15 點　17 點 30 分～21 點
公休日／週一、週五
7 坪・吧台 6 個座位、4 桌

純小魚乾蕎麥麵 950 日圓

純小魚乾蕎麥麵是店裡的招牌餐點。1 天使用 5 種且重達 11kg 左右的魚乾，包含黑背沙丁魚、鯖魚、小遠東擬沙丁魚等，雖然食材只有小魚乾和水，卻能夠打造出味道豐富且具有深度的美味。另外，使用 2 種濃味醬油、再釀造醬油、三河味醂、蘋果醋、大量小魚乾（鯖魚、小遠東擬沙丁魚、小鱗脂眼鯡），以及提味用的香菇、補強鮮味用的鯖節等食材，耗時 1 週調製成醬油醬汁。使用管野製麵所 20 號切麵刀切條的特製麵條，重視口感與小麥香氣。

中華そば 児ノ木

「純小魚乾蕎麥麵」上桌前的製作過程

1 將湯頭倒入小鍋中加熱。

2 碗裡倒入20㎖的風味油和醬油醬汁。使用煮麵機煮麵，1人份麵量為130g，煮麵時間為45秒。

3 碗裡注入200㎖的湯頭。

4 放入麵條並撥散。

5 盛裝叉燒雞肉、豬肩胛肉、洋蔥、海苔就完成了。

特製小魚乾拌麵 1200日圓

特製小魚乾拌麵是一道沒有湯汁的餐點。使用不同於「純小魚乾蕎麥麵」的風味油，由於調製風味油的小魚乾種類更多，整體味道更加強烈。使用3種不同粗細混合在一起的粗麵條，而且麵量相對較多，約255g，口感更多樣化。特製配料包含2片叉燒雞肉、豬肩胛肉、叉燒豬後腿肉、筍乾、洋蔥、大蔥、溏心蛋、2片海苔和小魚乾粉。

中華そば 兒ノ木

「特製小魚乾拌麵」上桌前的製作過程

1 使用煮麵機煮255g左右的麵條。煮麵時間3分鐘。

2 碗裡倒入40ml的風味油、25ml的醬油醬汁。

3 瀝乾麵條的水分後倒入碗裡。

4 依序盛裝2片叉燒雞肉、豬肩胛肉、叉燒豬後腿肉、筍乾、洋蔥、大蔥、溏心蛋、2片海苔。

5 撒上1.5～2匙小魚乾粉就完成了。

『中華そば 児ノ木』小魚乾湯頭

為避免單一口味難以打造層次感，分別使用 5 種小魚乾。主軸為 2 種黑背沙丁魚，其餘為烘托味道用的小魚乾。透過使用 2 個不同尺寸的湯桶鍋熬煮，然後再混合一起的手法，以及將食材搗碎以萃取鮮味的手法，讓只用小魚乾和水熬煮的湯頭也能充滿豐富且不單調的美味。考慮溫度加熱至 95℃ 或 100℃ 時容易產生「令人討厭的苦味和酸味」，所以嚴格進行溫度管理，將溫度維持在 90℃。

材料

2 種黑背沙丁魚（千葉縣產、長崎縣產）、鯖魚乾、小遠東擬沙丁魚乾、小鱗脂眼鯡、濾水器過濾水

作法

1

將前一天泡水 8 小時，分別裝有小魚乾的 2 個湯桶鍋加熱。右邊的湯桶鍋裝有鯖魚乾、小遠東擬沙丁魚乾、2 種黑背沙丁魚乾（千葉縣產、長崎縣產）、小鱗脂眼鯡 5 種小魚乾。不同季節有不同的萃取方法，使用的魚乾種類也會跟著改變。只使用 1 種小魚乾的話，味道既沒有深度，也沒有層次感。左邊的湯桶鍋只裝 2 種黑背沙丁魚乾，功用是強化小魚乾的風味。右邊湯桶鍋以小火加熱，左邊湯桶鍋以中火加熱。左邊的湯桶鍋蓋上鍋蓋並加壓，熬煮 45 分鐘。

製作湯頭的過程

前一天將 5 種小魚乾裝在湯桶鍋裡泡水，另外一個湯桶鍋只裝 2 種小魚乾，分別加熱熬煮

↓

右邊的湯桶鍋熬煮 1 小時 30 分鐘左右，讓溫度上升至 90℃。左邊的湯桶鍋熬煮 45 分鐘

↓

左邊的湯桶鍋熬煮 45 分鐘後稍微燜一下，以冷水降溫的同時進行過濾

↓

右邊的湯桶鍋熬煮 1 小時 30 分鐘並達到 90℃ 後，攪拌鍋裡的湯頭

↓

右邊的湯桶鍋繼續熬煮 30 分鐘，關火後靜置 30 分鐘，然後與過濾好的左邊湯桶鍋混合在一起置涼後和前一天烹煮的湯頭各取一半混合一起使用

中華そば 兒ノ木

右邊的湯桶鍋慢慢熬煮至溫度上升至90℃。讓溫度慢慢上升，主要是為了讓食材在不同溫度區間釋放不同鮮味。精準控溫讓湯頭在1小時30分鐘內熬煮至90℃。另一方面，為了讓右邊湯桶鍋的小魚乾食材容易釋放味道，事前先將小魚乾搗碎備用，以這個湯桶鍋的湯頭為主軸，負責整碗拉麵的鮮味。

因湯桶鍋較深，不同位置的食材受熱溫度不同，所以要偶爾攪拌右邊的湯桶鍋。但特別留意，食材溫度尚低時，攪拌或不小心搗碎容易釋出苦味，所以溫度未達90℃前，千萬不要攪動食材。

這是右邊湯桶鍋熬煮1個半小時達90℃的狀態。溫度達90℃後開始攪拌。攪拌時注意不要壓碎食材，雖然攪拌有利於釋放鮮味，但過度攪拌容易使整鍋湯變苦，務必留意攪拌的力道。接下來的30分鐘內，每10分鐘攪拌一次，並且繼續維持90℃。

過濾左邊湯桶鍋。裝滿冰塊的大湯桶鍋裡放一個小湯桶鍋，然後擺放濾網，接著注入左邊湯桶鍋的湯頭。不要按壓，讓湯頭自行流出。

右邊湯桶鍋的溫度達90℃後，邊攪拌邊繼續熬煮30分鐘後關火。

這是左邊湯桶鍋沸騰後繼續熬煮30分鐘的狀態。4.5公升的水收乾至2公升以下。熬煮45分鐘後確認味道，感覺味道不足時，再繼續熬煮5分鐘。煮好後燜30分鐘，讓湯頭確實入味。

30分鐘後過濾右邊湯桶鍋,過濾好之後和左邊湯桶鍋裡的湯頭混合在一起。靜置1個小時,讓右邊湯桶鍋裡的湯頭全部滴乾。

置涼降溫的同時用大湯杓攪拌。

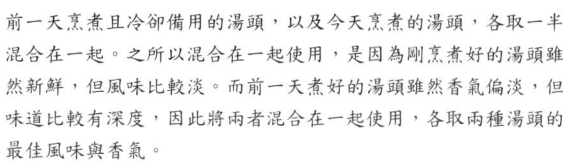

前一天烹煮且冷卻備用的湯頭,以及今天烹煮的湯頭,各取一半混合在一起。之所以混合在一起使用,是因為剛烹煮好的湯頭雖然新鮮,但風味比較淡。而前一天煮好的湯頭雖然香氣偏淡,但味道比較有深度,因此將兩者混合在一起使用,各取兩種湯頭的最佳風味與香氣。

20

『中華そば 児ノ木』的雞叉燒肉

由於湯頭相對濃郁，叉燒雞肉僅簡單調味。注重「濃郁但風味均衡的拉麵」。

材料

錦爽雞、鹽、胡椒

作法

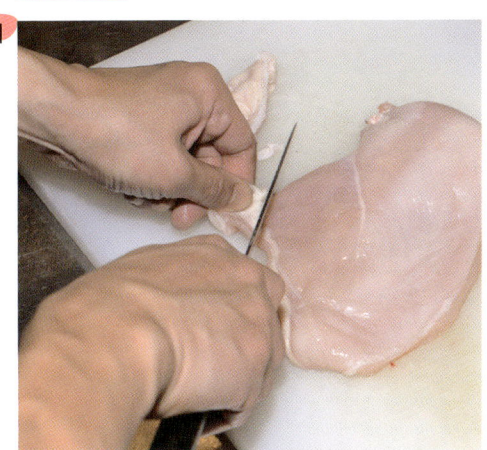

使用錦爽雞，先除去雞胸肉的皮和軟骨。這種雞肉帶有淡淡的香氣且沒有令人討厭的腥味。

在雞肉上撒鹽和胡椒。由於湯頭濃郁，所以雞肉的調味盡量簡單一些。

放入塑膠袋中，擠掉空氣並靜置6小時。

白天營業時間結束時，以63℃的低溫烹調1小時。靜置於冷藏室一晚就完成了。

『中華そば 兒ノ木』的牛肝菌油追加麵條 追加麵條（期間限定） 400日圓

廣受顧客好評的秋季限定餐點。使用店裡自製的牛肝菌油，既能享受牛肝菌的香氣，也能享用蕈菇類的口感。

材料

細直麵、牛肝菌油、醬油醬汁、醃漬蕈菇（杏鮑菇、香菇、蘑菇、鴻喜菇）、炸牛蒡、黑胡椒

作法

1

碗裡倒入20㎖的牛肝菌油。使用茶花籽油和豬油各半，加熱至130℃，然後煸炒切碎的乾燥牛肝菌製作成牛肝菌油。

2

碗裡倒入8㎖的醬油醬汁，煮麵時間約45秒。

『中華そば 兒ノ木』的追加麵條（雞油） 250日圓

充滿濃郁雞油香氣的追加麵條。添加小魚乾粉，同樣是為了強調小魚乾風味。

材料

細直麵、雞油、醬油醬汁、豬肩胛肉和無特定部位的叉燒雞肉、蔥、小魚乾粉

作法

1

碗裡倒入20㎖的雞油和8㎖的醬油醬汁。

2

將煮熟的麵條倒入碗裡。1人份麵量為130g，煮麵時間為45秒。

3

盛裝豬肩胛肉和無特定部位的叉燒雞肉、蔥和小魚乾粉。

中華そば 兒ノ木

『中華そば 兒ノ木』的小魚乾油

「純小魚乾蕎麥麵」專用的小魚乾油。花時間慢慢熬煮，充分萃取小魚乾的香氣。拌麵所使用的小魚乾油，則另外增加魚乾種類以打造更強烈的風味。

材料

芥花籽油、豬油、2種黑背沙丁魚

作法

取芥花籽油和豬油各半混合在一起，熬煮2種黑背沙丁魚，花2～3小時讓溫度上升至130℃。之所以混合2種油一起使用，主要因為單用豬油，味道過於厚重，而單用芥花籽油又過於清淡。以最小的火候慢慢熬煮，溫度達130℃時關火，靜置一晚再過濾，過濾後可立即使用。

將煮熟的麵條放入碗裡，盛裝醃漬草菇和炸牛蒡。

撒些黑胡椒就完成了。

東京・西早稻田

ピコピコポン

提供風味強烈的二郎系拉麵，特色是使用日本國產豬前腿骨和豬里肌肉、豬背骨熬煮濃郁湯頭，搭配分量十足且彈牙的自製麵條，以及充分入味的大塊叉燒肉。除了招牌「拉麵」，還有沒有湯汁的「無湯JUNK」，都是深受客人愛戴及捧場的餐點。大量蔬菜、蒜頭、豬背脂等免費配料服務也深受客人好評。除了提供美味餐點，店家也非常重視「服務與上菜時的招呼聲等技巧」。

地址／東京都新宿区西早稻田
營業時間／週一～週五　11點～15點
17點～22點30分　週日　9點～15點30分
公休日／週六
13坪・17個座位

拉麵
（免費配料＝蔬菜、大蒜、油脂、淋醬）　900日圓

「拉麵」是店裡的招牌餐點。以豬前腿骨、豬背骨、叉燒肉專用的豬里肌肉熬煮成風味濃厚的湯頭，搭配一人份250g的大分量自製麵條，以及軟嫩的日式燉肉配料，打造獨具店家特色的拉麵。湯頭的基底味道來自大量的豬里肌肉，而不是豬骨，充滿濃厚的豬肉鮮味。在KANESHI醬油（二郎專用）中添加味醂，然後將燉煮2小時的豬里肌肉浸在裡面2小時以上調製成醬油醬汁，強調豬肉的鮮美風味。免費配料中深受客人喜愛的大蒜，為了保留口感，刻意切成粗粒。

「拉麵」上桌前的製作過程

1. 碗裡倒入醬油醬汁和鮮味粉。

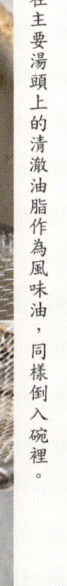

2. 以浮在主要湯頭上的清澈油脂作為風味油，同樣倒入碗裡。

3. 注入以篩網過濾的主要湯頭。

4. 倒入煮好的麵條。煮麵前的麵條淨重250g，煮麵時間為4分鐘。

5. 將叉燒肉、「大蒜」、「油脂」、「淋醬」盛裝在「蔬菜」上面，讓顧客一眼就能看到所有配料。這裡的淋醬指的是將醬油醬汁淋在「蔬菜」上的意思。

**無湯 JUNK
（免費配料＝蔬菜、大蒜、油脂、淋醬）** 1000日圓

無湯 JUNK 是一道無湯的餐點，能夠直接品嚐店家自製麵條的風味與口感。添加鰹節、炸洋蔥、粗研磨胡椒也是不同於「拉麵」餐點的特色之一。帶有強烈衝擊美味的醬油醬汁包裹彈牙的麵條，再搭配鰹節溫和的香氣、粗研磨胡椒的辛辣刺激，以及炸洋蔥的酥脆口感，分量十足又香醇順口。

「無湯 JUNK」上桌前的製作過程

1. 碗裡倒入醬油醬汁和鮮味粉。

2. 接著倒入粗研磨胡椒。

倒入風味油混合在一起。

4. 放入煮好的麵條並混拌均勻。煮麵前的麵條淨重為250g，煮麵時間為4分鐘。

5. 將叉燒肉、「大蒜」、「油脂」、「淋醬」盛裝在「蔬菜」上面，讓顧客一眼就能看到所有配料。這裡的淋醬指的是將醬油醬汁淋在「蔬菜」上的意思。

『ピコピコポン』的主要湯頭

以前一天的湯底為基底，添加豬前腿骨、豬背骨、豬背脂、叉燒肉專用的豬里肌肉等熬煮成主要湯頭。每天將固定分量的前天湯頭和固定分量的豬前腿骨、豬背骨混合在一起，接下來的熬煮時間、添加豬背脂和叉燒肉專用豬里肌肉的時間也都固定不變，力求主要湯頭的味道能夠穩定，不出現走味現象。使用100公升的湯桶鍋。

材料

前天的湯頭、豬背骨、豬前腿骨、叉燒肉專用豬里肌肉、豬背脂、高麗菜心和高麗菜外葉、蔥綠、水

作法

在前天的湯頭裡添加足量的水，放入未煮過的新鮮豬背骨、豬前腿骨後開始加熱。豬前腿骨事先搗碎備用。

沸騰後撈除浮渣，蓋上鍋蓋繼續熬煮。

熬煮2個半小時後，以次要湯頭調整水量，然後放入豬背脂，放入叉燒肉專用的豬里肌肉。豬里肌肉燉煮2小時後取出，浸在醬油醬汁裡。

在11點開業的30分鐘前，將高麗菜、蔥綠放進湯頭裡。營業中不要過度攪拌主要湯頭。除了添加次要湯頭以調整主要湯頭外，白天營業時、晚上營業時添加豬里肌肉和高麗菜、蔥綠來調整主要湯頭的味道。食材的使用量和添加時間依當天來客數量而定。浮在主要湯頭表面的清澈油脂可以作為風味油使用。

28

『ピコピコポン』的次要湯頭

營業中在主要湯頭裡添加次要湯頭以調整味道和濃度。使用80公升的湯桶鍋。

材料

豬肉的切邊肉、豬背脂、水

作法

將豬肉的切邊肉放入網袋中，然後加熱燉煮。

沸騰後撈除浮渣，添加豬背脂並蓋上鍋蓋繼續熬煮。豬背脂的主要功用是讓豬肉鮮味融入湯頭裡，以及隔天作為配料「淋醬」使用。熬煮次要湯頭的時候，根據主要湯頭的狀態，也可能不添加背脂。

『ピコピコポン』的麵條

並未使用二郎系拉麵向來常用的日清製粉的高筋麵粉,而是使用金澤製粉的麵包專用高筋麵粉「雷鳥」。1人份麵條為250g,目前麵條長度約21～22公分。開業初期使用較粗且較短的麵條,但為了方便顧客吸啜麵條而改為現在的21～22公分。每天上午製作大約150人份的麵條。

材料

雷鳥(金澤製粉)、鹼水、水

作法

將小麥麵粉和鹼水溶液混合在一起並攪拌4分鐘。開業初期設定為攪拌5～6分鐘,現在設定為4分鐘。攪拌過程中,三不五時將沾黏在攪拌葉或攪拌槽內的麵粉刮下來。

進行碾壓麵條的作業(粗整作業)。將碾壓後的麵團和碾壓前的麵團混合在一起。

將麵團碾壓成3條麵帶,然後進行複合作業。1條麵帶的寬度約10.5公分。為了使麵條邊緣工整,將3條麵帶合起來一起進行複合作業。共進行2次複合作業。

30

『ピコピコポン』的煮麵方法

拉麵、沾麵、冷麵、乾麵的一人份麵條量皆為250g（煮麵前）。另外也有小碗分量，約150g，可加麵至400～600g。煮麵時間為4分鐘，冷麵餐點則增加至7分鐘。將麵條平鋪在煮麵機中，然後使用平底大漏杓瀝乾水分。

作法

加水率略少於30％，使用20號切麵刀切條的寬麵，煮麵時間約4分鐘。

邊進行壓延作業邊切條，不另外撒手粉。就算不撒手粉，麵條也會自行散開，若撒上手粉，煮麵時反而容易因為手粉沾黏於鍋底而燒焦。

『ピコピコポン』的 免費配料（油脂）

將一整塊的固體狀豬背脂花費長時間燉煮至碎裂鬆散的狀態，製作成免費配料「油脂」。最後浸漬在醬油醬汁中入味就大功告成了。

材料
豬背脂、醬油醬汁

作法

1

將熬煮主要湯頭和次要湯頭8小時所使用的豬背脂混合在一起，邊搗碎邊加熱。

2

進行過濾。過濾後的固體狀油脂作為風味油使用。

3

剩餘的豬背脂以醬油醬汁調味。將KANESHI味醂風味的調味料和KANESHI醬油混合在一起調製成醬油醬汁。

『ピコピコポン』的 叉燒肉

以主要湯頭燉煮豬里肌肉，然後浸漬在醬油醬汁中。之所以選用豬里肌肉，是因為肉質本身既帶嚼勁又柔軟，增添口感的豐富性。1天備料35～40kg。

材料
豬里肌肉、醬油醬汁

作法

1

使用主要湯頭燉煮豬里肌肉2小時。

2

浸漬在混合KANESHI味醂風味的調味料和KANESHI醬油的醬油醬汁中2個小時。

3

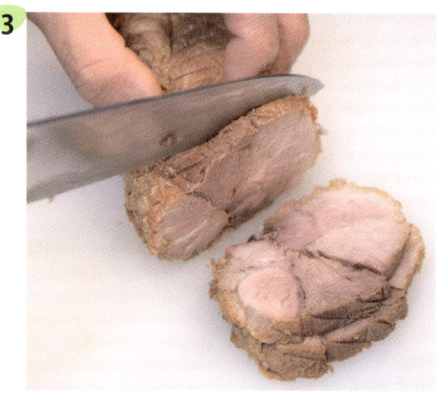

營業前用醬油醬汁加熱叉燒肉，然後切片盛裝於碗裡。

『ピコピコポン』的 免費配料（大蒜）

每天採購用於免費供應的配料「大蒜」。一天使用重達約 2～2.5kg 的大蒜。以食物調理機研磨，但為了保留口感，會研磨成粗顆粒。

材料

大蒜

作法

於營業時間開始之前，使用食物調理機研磨成粗顆粒。

『ピコピコポン』的 免費配料（蔬菜）

通常不會大量烹煮，會視當天來客數量進行調整，感覺不夠用時再立即烹煮。

材料

豆芽菜、高麗菜

作法

將豆芽菜和高麗菜混合在一起汆燙12～13分鐘。汆燙時，水中不加鹽。豆芽菜和高麗菜的比例為9：1～8：1。

静岡・裾野

麺工房 海練 うねり

老闆小田切真吾先生於學生時代深受豚骨拉麵吸引，於是在 2010 年 1 月自行創業，開了一間主打豚骨湯頭的拉麵店。目前除了最受歡迎的粗麵「拌麵」外，多次在電視媒體亮相的「番茄豚骨拉麵」則是女性客群的最愛。麵條皆為店裡自行製作，包含低加水率的細麵、高加水率的粗麵和細麵等。除了豚骨湯頭系列，還有魚乾風味的「日式和風拉麵」、搭配粗麵的「魚貝豚骨沾麵」。店內設置自動販賣機，供應拉麵、拌麵、濃厚肉醬乾咖哩、紅燒肉等多種人氣商品，網路商店裡（https://menuneri.stores.jp）同樣也買得到，正面評價正逐漸攀升中。

地址／靜岡県裾野市佐野 1542-1
營業時間／週五、週六、週日
11 點～14 點 30 分　17 點 30 分～20 點 30 分
週一、週二、週四　11 點～14 點 30 分
公休日／週三
2.5 坪・31 個座位

魚貝豚骨拉麵 3 品豪華餐　1100 日圓

在豚骨湯頭裡添加 1 成左右的魚貝高湯，製作成獨具特色的魚貝豚骨湯頭。然後再添加鹽味醬汁、魚貝油、魚粉混合在一起。配料包含溏心蛋、紅燒豬肉、煙燻燉豬肉，然後搭配低加水率的細麵。一人份麵條量為 135g，煮麵時間為 1 分 30 秒。可以另外加麵（一份 150 日圓），也可以視個人喜好，要求麵條的軟硬度，從硬到軟共分為 6 種程度。

麵工房 海練

「魚貝豚骨拉麵 3 品豪華餐」上桌前的製作過程

1

碗裡倒入鹽味醬汁、魚貝油、魚粉。

2

注入加熱後的魚貝豚骨湯頭。在豚骨湯頭裡添加 1 成左右的魚貝高湯，製作成魚貝豚骨湯頭。

3

放入煮好的低加水率細麵。一人份麵量約 135g（煮熟前）。一般正常軟硬度的話，煮麵時間為 1 分 30 秒。

4

盛裝青蔥、溏心蛋和煙燻燉豬肉。

5

接著放入切塊紅燒豬肉和切細碎的洋蔥。

6

最後在洋蔥上撒些甜椒粉後即可上桌。

拌麵 DX　1000日圓

搭配高加水率粗麵的「拌麵」是店裡最受歡迎的餐點。拌麵的關鍵在於美味醬汁，經過多次研發，最終使用三河壺底白醬油、木桶釀造的湯淺醬油、沖繩海鹽「ぬちまーす」、鰹節、豬舌、豬絞肉等食材熬煮製成專用醬汁，另外再添加雞油和蔥油。「DX」餐點除了溏心蛋，還有紅燒肉塊、青蔥、水煮高麗菜、炙烤豬里肌肉等多種配料。

麵工房 海練

「拌麵 DX」上桌前的製作過程

4 放入煮熟的粗麵。使用 14 號切麵刀分條，煮麵時間為 3 分鐘。將麵條和醬汁充分拌勻。

1 在碗裡倒入 25 ㎖的拌麵專用醬汁。拌麵專用醬汁於製作完成後靜置 2～3 天再使用。

2 加入蔥油、雞油、蘋果醋和黑胡椒。

3 為了方便拌勻麵條，注入些許豚骨湯頭。

5 盛裝水煮高麗菜、青蔥、調味豬絞肉、紅燒肉塊、炙烤豬里肌肉、叉燒雞肉。最後在高麗菜上撒些紅甜椒粉。

37

『麵工房 海練』的豚骨湯頭

2010年創業當時研發的豚骨湯頭。以豬頭為主要食材，並且添加雞骨、豬背脂長時間熬煮。大概在8年前引進壓力湯桶鍋（HEIWA LEASING 製造），讓原本需要長時間熬煮的湯頭在短短十分之一的時間內就能完成，效率非常高。而且最大的優點是每次都能熬出品質穩定的濃厚豚骨湯頭。另外，在豚骨湯頭裡添加魚貝高湯，製作成魚貝豚骨湯頭。限定期間拉麵所使用的雞白湯，同樣使用壓力湯桶鍋熬煮而成。

製作豚骨湯頭的過程

將豬頭、雞骨、豬背脂放入壓力湯桶鍋裡
↓
加熱冒出蒸氣後開始施壓，繼續熬煮30分鐘
↓
關火並降壓，然後過濾

材料

豬頭、雞骨架、豬背脂、水

作法

1 早上營業前將豬頭、雞骨、豬背脂和水倒入壓力湯桶鍋裡，蓋上鍋蓋後加熱。

2 施加壓力後熬煮30分鐘，然後關火。

3 關火後，在營業時段內不掀開鍋蓋，靜置一旁讓壓力湯桶鍋內的壓力和溫度慢慢下降。白天營業時段結束，晚上營業時間開始之前，鍋內壓力充分下降，這時候就可以打開鍋蓋並過濾。

麵工房 海練

『麵工房 海練』的拌麵醬汁

店裡最受歡迎的餐點是「拌麵」，而拌麵美味關鍵在於醬汁。將煮好的麵條和醬汁混合一起時，醬汁會直接包裹住麵條，所以基於醬汁的重要性，特地嚴加挑選醬油、鹽、搭配的高湯。

材料

三河壼底白醬油（日東釀造）、木桶釀造醬油（湯淺醬油）、沖繩海鹽（ぬちまーす）、海帶、鰹節、豬舌、豬絞肉

將醬油、鹽、魚貝高湯、動物類高湯混合在一起，靜置2～3日後再使用。1人份麵量為135g（煮熟前），14號切麵刀切條的粗麵搭配25㎖的拌麵專用醬汁。

『麵工房 海練』的魚介高湯

創業初期主打使用壓力湯桶鍋熬煮且濃度高的豚骨湯頭，但為了讓客人喝起來更為順口，於是研發出魚貝豚骨湯頭。在豚骨湯頭裡混合1成左右的魚貝高湯製作而成。使用鰹節、鯖節、海帶、烤魚乾、小鱗脂眼鯡魚乾高湯調製成魚貝高湯。

材料

烤魚乾、小鱗脂眼鯡魚乾、鯖節、鰹節、海帶

作法

1

為了突顯魚貝豚骨湯頭的風味，以魚貝豚骨油作為魚貝豚骨拉麵的風味油，另外也添加魚粉。使用沙拉油煸炒魚乾和鰹節後過濾，製作成魚貝油。1人份約添加15㎖。

『麵工房 海練』的炙烤豬肉

店裡提供炙烤豬肉、燉肉、紅燒肉3種叉燒肉。為了讓客人有不同味覺享受，使用不同烹調方式處理。炙烤豬肉是以煙燻方式處理豬肩胛肉（產地為墨西哥）。

材料

豬肩胛肉、岩鹽、迷迭香粉、胡椒、櫻花木片

作法

1 將整塊豬肩胛肉於切除豬筋、大片脂肪後對半切開。切除的豬筋和脂肪留下來作為熬煮豚骨湯頭的食材。

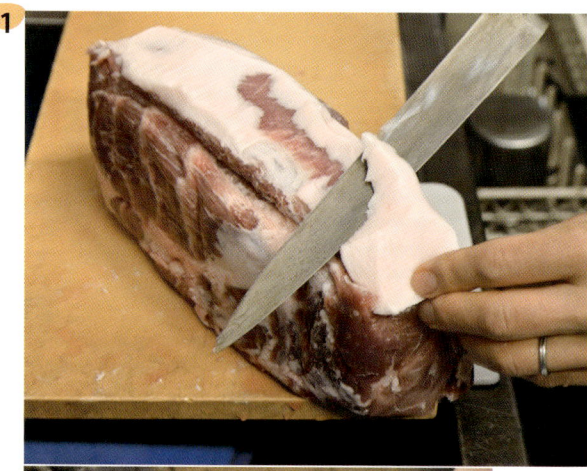

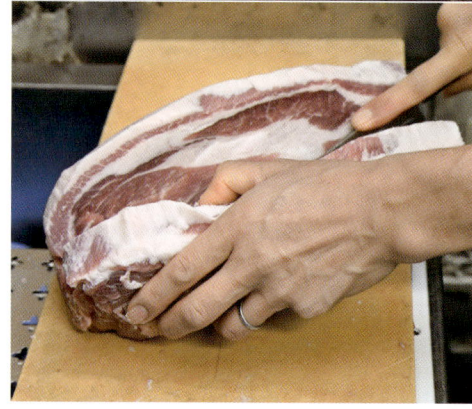

2 用鬆肉器輕敲整塊肉的表面，主要目的是切斷豬肉內部的豬筋，讓肉塊變柔軟。

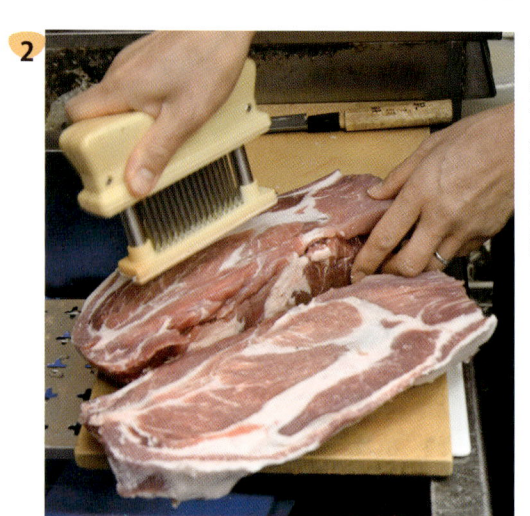

3 將岩鹽、胡椒、迷迭香粉混合在一起，然後塗抹在豬肩胛肉的表面。抹好後靜置30分鐘。

4 將肉擺在鋪有櫻花木片的煙燻烤爐中。

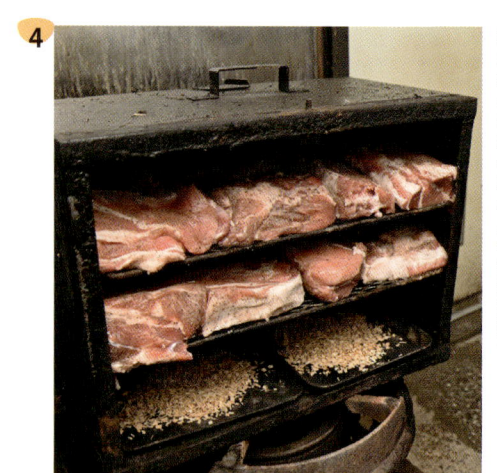

5 燻烤2個小時30分鐘左右。燻烤過程中，將下上層烤架互換，同時也將豬肉前後位置對調。

麵工房 海練

『麵工房 海練』的燉肉

使用豬五花肉製作燉肉。不僅燉煮、浸漬於醬汁中,最後還透過煙燻增加香氣,紅燒肉的食材同樣也是豬五花肉,但二者的味道完全不一樣。

材料

豬五花肉、醬油醬汁、櫻花木片

作法

1

燉煮豬五花肉60分鐘。

2

浸漬在醬汁中,繼續燉煮60分鐘。以醬油、味醂、日本清酒、砂糖調製醬汁。醬汁同紅燒肉。不夠時少量調製加以補足。

3

以櫻花木片煙燻,脂肪面朝上排列在烤架上。主要目的是增添香氣,所以開始冒煙的20分鐘左右即可取出。煙燻後冷藏,讓肉質更加緊實,於隔天使用。

『麵工房 海練』的細麵

「和風拉麵」、「豚骨拉麵」、「魚貝豚骨拉麵」使用低加水率的細麵,「拌麵」使用高加水率的粗麵,「沾麵」則使用高加水率的細麵。低加水率的細麵,加水率為29.5%,使用20號切麵刀切條,由於麵條容易沾黏,製作的時候需在麵團裡添加一些橄欖油。

材料

麵遊記(日清製粉)、鹼水、水、鹽、橄欖油、食品級酒精

作法

1 1次使用13kg的小麥麵粉製作麵條。將小麥麵粉和鹼水溶液混合在一起,攪拌7分鐘。波美4度,加水率為29・5%。使用大成機械工業的製麵機。

2 進行粗整作業,以及3次複合作業。

3 複合作業結束後,進行2次壓延作業。第2次壓延時,邊撒手粉邊壓延。

4 壓延的同時進行切條作業,使用20號方形切麵刀。1人份麵量約135g。

麵工房 海練

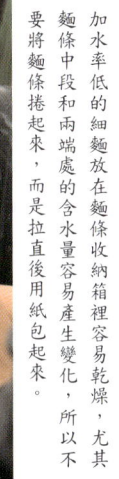

6

接著放進塑膠袋中，置於冷藏室裡保存。

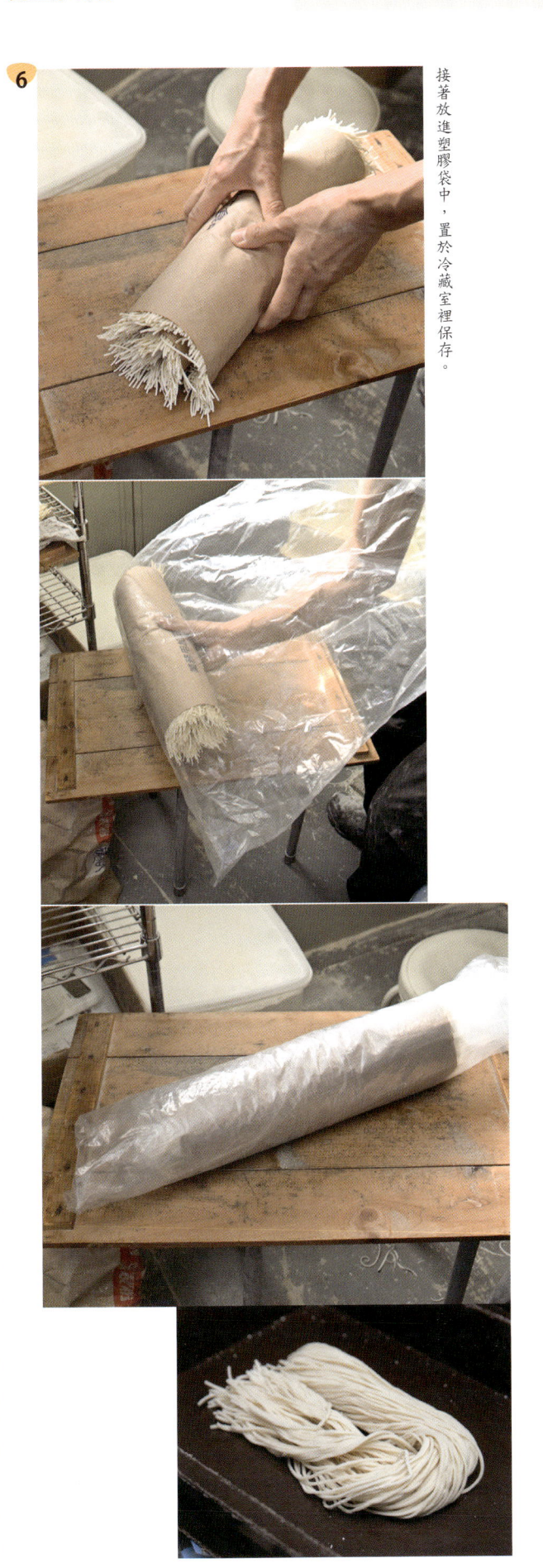

5

加水率低的細麵條放在麵條收納箱裡容易乾燥，尤其麵條中段和兩端處的含水量容易產生變化，所以不要將麵條捲起來，而是拉直後用紙包起來。

東京・虎ノ門

自家製麺
ロビンソン

「小三治」位於政府機關、公司行號林立的虎之門，2021年10月開幕，採完全預約制，供應日本料理和義式料理（營業時間為18點～最晚入店時間為20點）。白天則是以「ロビンソン（Robinson）」之名，供應拉麵餐點。這家店由擅長日式料理的田中惠大先生和擅長義式料理的伊藤浩二先生共同經營，2人活用自身的料理經驗，研發拉麵和沾麵。田中先生負責研發拉麵口味，伊藤先生負責製作麵條。運用日式料理技法萃取味道鮮美的高湯，並且使用於「中華蕎麥麵」和「沾麵」品項。店內設置一台製麵機，製作麵條不假他人之手。一開幕迅速成為人氣店家，經常吸引大排長龍的顧客上門享用。

地址／東京都港区虎ノ門1-16-9
双葉ビル1階
營業時間／11點～14點
公休日／週日、國定假日
20坪・僅8個吧台座位

特製中華蕎麥麵（普通） 1550日圓

在充滿雞肉鮮味的清湯裡添加昆布、柴魚片、大量魚乾萃取的高湯，湯頭濃郁又鮮美。搭配高加水率的寬麵，並以手揉方式增加口感。以無添加醬油、淡味醬油、濃味醬油、再釀造醬油、壺底醬油和味醂調製醬油醬汁。為了突顯醬汁的酸味和香氣，製作過程中刻意不加熱。「特製」拉麵的配料包含新潟產豬肩胛肉烹煮的叉燒肉、溏心蛋以及蝦肉、雞肉、豬肉3種內餡的餛飩。

44

「特製中華蕎麥麵」上桌前的製作過程

1 碗裡倒入雞油、醬油醬汁。使用京紅土雞和千葉產錦爽雞的雞骨架、大山雞的小骨和叉骨、日本國產雞的雞腳等食材熬煮湯汁，浮在湯頭表面的油撈起來作為雞油使用。

2 注入加熱後的湯頭。

3 放入煮熟的手揉寬麵，稍微調整一下形狀。煮麵時間約為2分30秒。

4 盛裝蝦肉、雞肉、豬肉3種內餡的餛飩，以及溏心蛋和筍乾。

5 擺上鴨兒芹、白蔥、海苔和叉燒豬肩胛肉。叉燒豬肩胛肉稍微炙燒後摺疊成一半並盛裝於碗裡。

沾麵（普通） 1200 日圓

「沾麵」搭配 16 號切麵刀切條，高加水率的細直麵，為了方便顧客吸啜，麵條比一般寬麵短 10 ㎝。使用和寬麵相同的麵團，但使用不一樣的切麵刀切條成細直麵。麵碗裡先倒入和風高湯，讓麵條吸收高湯風味，也避免麵條沾黏在一起。將日高昆布、羅臼昆布、鰹魚厚切柴魚片、宗田節、鯖節浸泡在水裡，煮沸製成和風高湯。高湯也用於稀釋沾麵醬汁，作為稀釋用的高湯通常會調味得清淡一些。

自家製麺 ロビンソン

「沾麵」上桌前的製作過程

3 細直麵的煮麵時間約為2分30秒，煮熟後以流動清水沖洗後再盛裝於碗裡。

1 在盛裝沾麵醬汁的器皿裡注入醬油醬汁、雞油，以及加熱後的湯頭。

4 在麵條上澆淋放涼的高湯。麵條充分吸收高湯的風味，不使用沾麵醬汁直接享用的話，能夠品嚐到另外一種清爽的風味。

2 放入鴨兒芹、塊狀叉燒豬肩胛肉、白蔥。沾麵餐點中會連同鴨兒芹的莖枝一起放入碗中，增加口感的同時，透過咀嚼釋放香氣。

『自家製麵 ロビンソン』的湯頭

以京紅土雞的雞骨架為主，添加小骨、叉骨等食材，保持不沸騰的狀態下熬煮清湯並置於冷藏室一晚。隔天於清湯裡添加以昆布、鰹節、宗田節、鯖節、伊吹小魚乾、小遠東擬沙丁魚乾熬煮的高湯，混合在一起並以低溫熬煮。另外，使用前一天熬煮的湯頭加熱蛋雞的皮和雞骨製作而成的絞肉，然後放入鍋裡一起烹煮，萃取清澈帶有透明感的湯頭。

材料

京紅土雞的雞骨架、千葉產錦爽雞的雞骨架、大山雞的小骨和叉骨、日本國產雞的雞腳、以73℃熱水燉煮新潟豬肩胛肉的清湯、濾水器過濾水、羅臼昆布（裁切下來的不整齊葉身部分）、日高昆布、宗田鰹節、鰹節、鯖節、蛤蜊、小遠東擬沙丁魚乾、伊吹小魚乾、蛋雞絞肉、雞油

作法

前一天熬煮的湯頭

1 前一天熬煮的湯頭。將京紅土雞的雞骨架、千葉產錦爽雞的雞骨架、大山雞的小骨和叉骨、雞腳稍微以熱水燙過，然後放入湯桶鍋裡。

2 以73℃的熱水燉煮新潟產豬肩胛肉4個小時，熬煮後的清湯和淨水混合在一起加熱。

製作湯頭的過程

前一天熬煮的湯頭

將京紅土雞的雞骨架、千葉產錦爽雞的雞骨架、大山雞的小骨、大山雞的叉骨、日本國產雞的雞腳放入湯桶裡

↓

以73℃的熱水燉煮豬肩胛肉4個小時，熬煮後的清湯和淨水混合在一起加熱

↓

維持在90℃繼續熬煮。撈取上方清澈的油脂作為雞油使用。熬煮7個小時後過濾並靜置放涼

隔天烹煮的湯頭

取部分前天熬煮的湯頭，添加昆布、節類、小魚乾一起熬煮

↓

邊攪拌邊熬煮至溫度達60℃

↓

加入前天熬煮且冷卻的湯頭

↓

沸騰後撈除浮渣，並且撈取浮在表面的油脂

↓

熬煮90分鐘後過濾

自家製麵 ロビンソン

3

撈除浮渣，維持在90℃熬煮7個小時。撈取浮在表面的清澈油脂作為雞油使用，其餘的過濾後冷藏，作為隔天烹煮湯頭的材料。

隔天烹煮的湯頭

4

取部分前天熬煮且冷卻的湯頭，添加羅白昆布、日高昆布、宗田節、鯖節、鰹節、蛤蜊混合在一起。

5

煮沸前一天事先浸泡小遠東擬沙丁魚乾和伊吹小魚乾，並且連同小魚乾混合在一起。沸騰後撈除浮渣，並且連同小遠東擬沙丁魚乾和伊吹小魚乾混合在一起。開業初期只使用浸泡小遠東擬沙丁魚乾和伊吹小魚乾的高湯，但為了增加一些魚乾特有的澀味，現在改為煮沸後連同2種魚乾都混合在一起。

6

加入用前一天熬煮的湯頭加熱的雞絞肉。這些雞絞肉是用絞雞的皮和骨絞碎後製作而成。由於絞肉容易沾黏在鍋底而燒焦，所以溫度達60℃以前，要邊熬煮邊攪拌。

『自家製麵 ロビンソン』的炙烤豬肉

使用瘦肉和油脂比例均衡的豬肩胛肉製作炙烤豬肉。低溫燉煮後浸漬在醬油、大蒜、蔥頭和三溫糖調製的醬油醬汁中，隔天切成1.5mm厚度的片狀，並且以碳火炙烤。將邊緣脂肪較多的部分切下來並用碳火炙烤，切成塊狀後用於沾麵餐點。

材料

新潟產豬肩胛肉、醬油醬汁（醬油、大蒜、蔥頭、三溫糖）

作法

1. 用細繩細綁豬肩胛肉，低溫熬煮4個小時。將煮熟後產生的清湯倒入前天熬煮的雞湯中混合在一起煮。

7. 感覺湯量變少時，添加前一天熬煮的湯頭，沸騰後撈除浮渣並撈取浮在表面的清澈雞油。熬煮90分鐘後，使用鋪好廚房紙巾的濾網過篩。

自家製麵 ロビンソン

2 豬肩胛肉煮熟後，拆掉綑綁的細繩，然後醃漬在醬油醬汁裡3個小時。醃漬後放入冰箱冷藏室保存。

3 隔天切片，切掉兩端和脂肪較多的部位。切下來的肉塊用於沾麵餐點，並且於營業時間前再進行炙烤。

4  中央部位則使用切肉片機切成1.5㎜厚度的肉片。將肉片疊在一起，以碳火炙烤肉片周圍。

5  由於盛裝至碗裡時，通常會將炙烤豬肉片對折，所以事先對折好備用。

51

『自家製麵 ロビンソン』的寬麵

使用同樣的麵團，以不同尺寸的切麵刀切條成細麵、寬麵，各自用於拉麵、沾麵。屬於加水率將近50%的高加水率麵條。為了打造具有嚼勁且充滿水分的麵條，進行10次複合作用。另外，為了以手打麵條為賣點，營業當天所使用的麵條都是當天早上才製作。細麵適合用於沾麵，由於比寬麵短10㎝左右，因此更容易吸啜。寬麵則於手揉後才使用。店裡使用的是大和製作所的製麵機。

材料

夢力（平和製粉）、特飛龍（日清製粉）、春戀（平和製粉）、餅姬（平和製粉）、寶泉（NIPPN）、麩皮、天然鹼水、π水

作法

1. 將小麥麵粉和事先冷卻備用的鹼水溶液放入攪拌機中攪拌。由於加水率高，分成數次添加鹼水溶液。攪拌10分鐘。

2. 進行粗整作業。

『自家製麵 ロビンソン』的高湯

高湯用於稀釋沾麵的沾醬，也用於浸泡沾麵麵條。使用同一種高湯，以淡味醬油和味醂調味，而稀釋用的高湯則調味得淡一些，並且於加熱後放入保溫瓶中保溫。用於浸泡沾麵麵條的高湯則放涼備用。

材料

日高昆布、羅臼昆布、鰹魚厚切柴魚片、宗田節、鯖節、濾水器過濾水

作法

1. 將昆布、鰹節、鯖節浸泡在水裡。從冷水開始煮。

2. 撈除浮渣。

3. 沸騰後以小滾狀態熬煮2個小時。沸騰後也不要取出昆布，澈底萃取鮮味。

自家製麵 ロビンソン

4

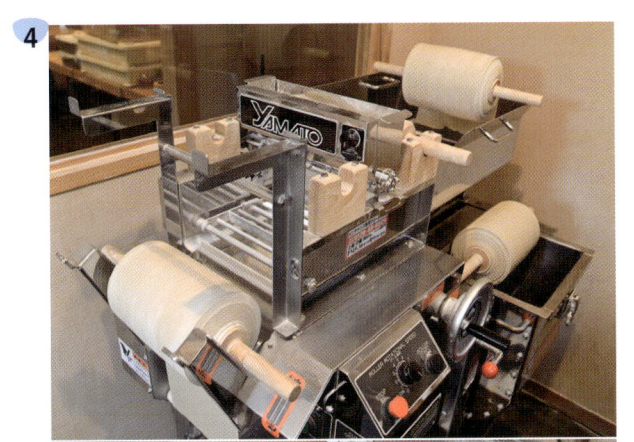

進行壓延作業時邊撒手粉。這時候要調整麵帶厚度。

3

進行10次複合作業。由於加水量高，目標是打造具有嚼勁的麵條，而不是硬麵條。

自家製麵 ロビンソン

6

5

壓延的同時進行切條作業。使用16號方形切麵刀分切成細直麵，使用8號切麵刀分切成寬麵。1碗中華蕎麥麵的麵量（煮麵前）為小碗110g、普通160g、大碗220g。1碗沾麵的麵量為小碗140g、普通200g、大碗300g、特大碗400g。

使用寬麵前先進行手揉作業。先將麵條撥散，用雙手握住並輕壓，然後再撥散。再一次用雙手握住並輕壓。撥開後整形成圓形，保存於麵條收納箱中。

54

> 味醂活用技巧

充分活用三州三河味醂
打造和諧的美味！

北海道・札幌 **Japanese Ramen Noodle Lab Q**
ジャパニーズ　拉麵ヌードルラボ　キュー

2014年開幕，如今已經是札幌最受顧客愛戴及捧場的拉麵店之一。不少人到北海道觀光的目的之一就是去「Japanese Ramen Noodle Lab Q」吃拉麵。

老闆平岡寬視先生自開業以來，一直對各種食材充滿濃厚興趣，不僅造訪生產地，還親自與生產者進行交流。平岡先生對日本釀造文化、飲食文化充滿敬意的同時，也非常重視拉麵的歷史。基於這個緣故，平岡先生希望使用日本食材製作拉麵，也刻意以「らぁ麵」平假名搭配漢字的方式呈現。

平岡先生精挑細選的調味料之一是三州三河味醂。烹調所有餐點的過程中不使用砂糖，而製作醬油醬汁、鹽味醬汁、筍乾、溏心蛋時都會使用三州三河味醂。平岡先生表示「經常使用三州三河味醂，是因為這種味醂的甜味溫和、順口，而且充滿餘韻。」平岡先生甚至為了三州三河味醂，特地向新潟縣的燕三條訂製耐熱性絕佳的18-8不鏽鋼鍋具。

以「醬油」和「鹽」為6：4的比例製作「醬油拉麵（醬油らぁ麵）」，據說相當受到顧客青睞。醬油拉麵所使用的醬油醬汁通常以7種醬油搭配三州三河味醂、日本清酒、醋調製而成。但有時候因季節而異，會改成以6種醬油和增加比例的三州三河味醂調製醬油醬汁。

鹽味醬汁則是使用7種鹽搭配三州三河味醂、文蛤和蛤蜊高湯調製而成。由於鹽巴本身沒有香氣，必須仰賴三州三河味醂提升整體味道的和諧性。

據說來店客人中約8成都會將湯全部喝光，這也足以證明「Japanese Ramen Noodle Lab Q」的高人氣和頂尖實力。

老闆 **平岡寬視** 先生

所有餐點的調味都使用三州三河味醂

鹽味醬汁　　醬油醬汁

「醬油拉麵」的細切筍乾　　「鹽味拉麵」的筍絲　　溏心蛋

鹽味醬汁、醬油醬汁、筍乾、叉燒丼的洋蔥醬的調味都不使用砂糖，而是使用三州三河味醂。

特製鹽味拉麵　3000日圓

在 7 種鹽調製的鹽味醬汁中添加三州三河味醂,帶有餘韻的甜味提高了整體味道的協調性。使用北海道小麥麵粉搭配讚岐之夢麵粉製作麵條,口感滑順且入口後充滿濃郁的小麥香氣。使用 12 號切麵刀切成寬麵,1 人份麵量為 135g,煮麵時間為 2 分 30 秒。配料豐富,包含使用留壽都豬或三元豬烹煮的五花肉和叉燒豬里肌肉、昆布醃製的叉燒雞胸肉、叉燒豬腿肉、叉燒碳烤豬腿肉、鹽麴烤土雞、金華豬肉餛飩、土雞肉餛飩、糖心蛋、白髮蔥絲,然後再擺上柚子皮和炙燒海苔。

味醂活用技巧

醬油拉麵 1500日圓

位在愛知縣東部的三河地區，自200多年前開始致力於製造正宗味醂。角谷文治郎商店創業於明治43年（1910年），釀造的「三州三河味醂」完全不使用釀造用酒精和糖類，而是使用日本國內指定產地的糯米、米麴和正統日本燒酒等原料，遵循傳統製法，經過長時間的釀造與熟成。

1.8ℓ　　700 ml

◎聯絡方式 角谷文治郎商店股份有限公司
歡迎透過下列方式洽詢以索取詳細產品資料和樣品。
https://mikawamirin.jp
TEL 0566-41-0748　FAX 0566-42-3931
sumiya@mikawamirin.jp

以北海道的十勝的新得土雞為主，搭配使用比內雞、名古屋交趾雞、丹波土雞、甘草大王土雞，以及豬前腿骨、豬背骨、宗田節、羅臼昆布等食材熬煮湯頭。使用7種醬油調製醬油醬汁，然後添加甜味溫和且順口的三州三河味醂。三州三河味醂是打造和諧美味的重要功臣。使用北海道產的7種小麥麵粉製作麵條，加水率約35～36%的細直麵。另外，特別訂製19.1號切麵刀（圓刀），麵條口感Q彈且滑順。每天使用當天製作的麵條，1人份麵量為135g，煮麵時間為1分40秒。配料包含留壽都豬或三元豬的五花肉和叉燒豬里肌肉各一片，切細絲的筍乾和姬鴨兒芹。

「Japanese Ramen Noodle Lab Q」的老闆平岡寬視先生（照片右）和拜訪該店的角谷文治郎商店股份有限公司的社長角谷利夫先生。平岡先生創業不久後，曾經前往位於愛知縣碧南市的角谷文治郎商店的釀造廠參觀。

Japanese Ramen Noodle Lab Q
地址　北海道札幌市中央区北１条西
２丁目1-3　りんどうビルB1F
營業時間　11點～15點
公休日　週日＋不定期公休

57

東京・上板橋

魂の中華そば

創業於 2015 年 12 月。拉麵店最大的特色在於熬煮約 20 個小時的濃郁湯頭和分量十足的自製麵條，「BENTEN」、「池袋大勝軒」系的中華蕎麥麵、「丸長」系的沾麵等令人留下深刻印象的餐點吸引不少忠實粉絲。老闆若林洋明先生創業前沒有任何餐飲經驗，他花了將近 1 年的時間，每天持續從錯誤中學習，直到完成現在的拉麵形式。使用醬油醬汁和豆瓣醬調味微辣的筍乾，以及使用品牌雞蛋製作溏心蛋，這些堅持且用心製作的配料同樣深受客人愛戴。

地址／東京都板橋区上板橋 1-25-10 JT プラザ 103
營業時間／11 點 30 分～14 點 30 分　18 點～21 點、週六日和國定假日 11 點～15 點 30 分　18 點～20 點
公休日／週一、第 2、4 週的週日
11 坪・吧台 8 個座位

特製中華蕎麥麵 1350 日圓

「中華蕎麥麵」是店裡最受歡迎的招牌餐點。花 2 天整整 20 個小時熬煮湯頭，使用的材料包含豬前腿骨、雞骨架、豬腳、雞爪等動物類食材，以及小魚乾、節類等魚貝類食材，打造濃厚且風味濃郁的湯頭。自製麵條充滿 Q 彈口感，為了讓客人享用吸飽湯汁的麵條，還特別配合麵條改良湯頭。特製中華蕎麥麵的配料包含叉燒豬肩胛肉、大量筍乾、溏心蛋和 2 片海苔。

魂の中華そば

「特製中華蕎麥麵」上桌前的製作過程

1 開始煮麵條，並且在碗裡倒入醬油醬汁和胡椒，醬汁量約36㎖。

2 放入蔥花和撈取自湯頭表面的清澈油脂，大約20㎖。

3 注入400㎖左右的湯頭。

4 煮麵時間為5分鐘，煮熟後放入碗裡。

5 放入叉燒肉、大量筍乾、溏心蛋和2片海苔就完成了。

蕎麥沾麵 1050日圓

帶有「丸長系」甜味與微辣口感的沾醬激發食慾，是店裡引以為傲的人氣餐點。由於能夠直接品嚐到麵條的鮮美，因此吸引不少忠實粉絲的熱愛。使用醬油、胡椒、醋、砂糖、魚粉、用油拌炒至微焦的純辣椒粉和湯頭混合調製成沾醬。和「中華蕎麥麵」餐點一樣，麵量足足有300g之多，不少粉絲都是衝著這道高飽足感的餐點而來。

魂の中華そば

「蕎麥沾麵」上桌前的製作過程

1 碗裡倒入鮮味粉、純辣椒粉、魚粉、蒜泥、雞油、醬油醬汁。

2 以微波爐加熱沾醬，然後注入約180ml的湯頭。

3 用冷水沖洗剛煮好的麵條，讓麵條口感更緊實，然後盛裝於碗裡。煮麵時間為6分鐘。將切條海苔擺在麵條中央就完成了。

鹽味中華蕎麥麵 1100日圓

這是一道充滿魚貝類和動物類食材，味道鮮美的鹽味拉麵。濃郁湯頭搭配使用岩鹽、清酒、蛤蜊高湯、昆布調製而成的鹽味醬汁，味道極具衝擊力。上桌前在配料薑絲上澆淋熱騰騰的沙拉油，突顯生薑的強勁香氣，這也是這道餐點的特色之一。

魂の中華そば

「鹽味中華蕎麥麵」上桌前的製作過程

1 使用煮麵機煮麵，煮麵時間為5分鐘。

碗裡倒入25ml的鹽味醬汁和胡椒。

2 注入400ml左右的湯頭。

3 將煮熟的麵條放入碗裡，接著盛裝叉燒肉、筍乾、蔥花、切成細絲的生薑、店裡自製辣油。

4 最後澆淋熱騰騰的沙拉油並放上海苔就完成了。

63

醬油拉麵 900日圓

這是一款帶有甜味且相對清淡的拉麵餐點。使用和「中華蕎麥麵」相同的麵條，但煮麵前多一步手工揉麵的步驟，藉由麵條的捲曲改變口感與嚼勁。麵量比「中華蕎麥麵」少一些，約160g。湯頭為使用豬肉等食材，以小火長時間熬煮的清湯，並且搭配和「中華蕎麥麵」一樣的醬油醬汁。

魂の中華そば

「醬油拉麵」上桌前的製作過程

1 手工揉麵條，讓麵條捲曲且紮實後再煮。煮麵時間為2分鐘。

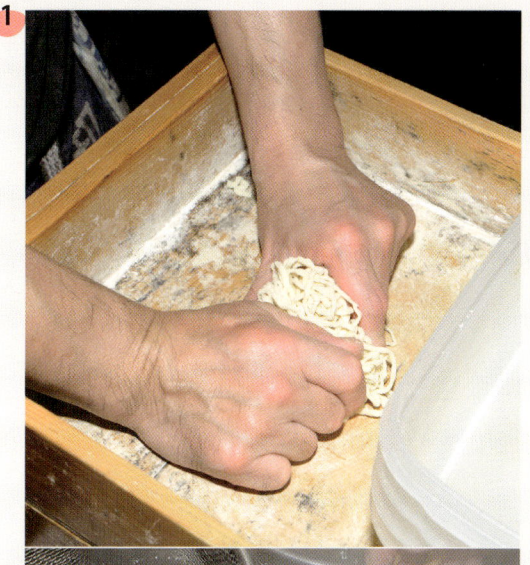

2 碗裡倒入40㎖的醬油醬汁，並放入蔥花和胡椒。

3 注入浮在魚貝高湯表面的清澈油脂，約20㎖，以及350㎖的清湯。

4 放入煮熟的麵條，盛裝叉燒肉、筍乾和海苔就完成了。

『魂の中華そば』的湯頭

「中華蕎麥麵」所使用的湯頭，是先以豬肉等食材熬煮清湯14個小時，然後於隔天添加小魚乾、節類素材、雞骨架等，共費時2天慢工出細活熬煮成湯頭。動物類食材包含豬前腿骨、雞骨架、豬腳和雞爪等。第1天用小火慢慢燉煮清湯，第2天以大火熬煮濃縮成湯頭，讓味道更為濃厚且濃郁。魚貝類食材包含鰹魚厚切柴魚片、宗田節、鯖節、小魚乾等。為了去除苦澀味，所有小魚乾都小心去掉頭部後再使用。另外，由於動物類湯頭味道比較強烈，為了整體味道的協調性，特別選用體型較大的魚乾。開業初期會另外使用布袋盛裝追加的魚貝類食材，然後再放入湯裡，但基於布袋會吸附味道和油脂，所以現在改為放入篩網中，然後直接放入湯桶鍋裡。麵店所在區域的水質偏硬，因此通常使用淨水器過濾後的淨水。

材料

豬前腿骨、雞骨架、豬腳、雞腳、豬絞肉、雞皮、真昆布（北海道產）、小魚乾、鰹魚厚切柴魚片（柴魚片和本枯節混合使用）、宗田節、鯖節、大蒜、生薑、紅蘿蔔、洋蔥、青蔥（蔥綠部分）、淨水器過濾水

作法

第1天熬煮的湯（隔天使用）

1

將前天未使用完的湯頭移至小湯桶鍋裡，在清空的大湯桶鍋裡注入淨水器過濾水，然後放入真昆布加熱，接著放入解凍後的豬絞肉。這鍋湯頭就是隔天要使用的清湯。

製作湯頭的過程

隔天使用的湯頭

湯桶鍋裡裝水，放入真昆布

↓

放入豬絞肉後開始加熱

↓

1個小時後取出昆布，放入豬前腿骨、豬腳和雞腳後，再將昆布放回去

↓

熬煮3個小時後，放入調味蔬菜，再隔1小時後放入叉燒肉

當天使用的湯頭

加熱前一天熬煮湯頭的湯桶鍋，1小時後放入小魚乾

↓

自開始加熱的1個半小時後倒入雞骨架、節類食材和青蔥

↓

1個半小時後取出青蔥和節類，放入雞皮並轉為小火。倒入前一天未使用完的湯頭和浮在表面的清澈油脂

魂の中華そば

第 2 天的湯頭（當天使用）

1 左側為前天一大早熬煮的清湯，右側湯桶鍋裝的是昨天未使用完的湯頭。為了穩定整體味道，之後會將 2 桶湯頭混合在一起。

2 用熱水解凍雞骨架 1 小時 30 分鐘，並且去除血水。

3 加熱 1 個小時後，將去掉頭部的小魚乾倒入昨天熬煮的清湯中。於燉煮 5 個小時後取出小魚乾。

4 雞骨架解凍後，用手除去內臟並對折放入昨天熬煮的清湯中，以大火加熱。熬煮至水量減少，味道變濃郁。熬煮 4 小時 30 分鐘後取出雞骨架。

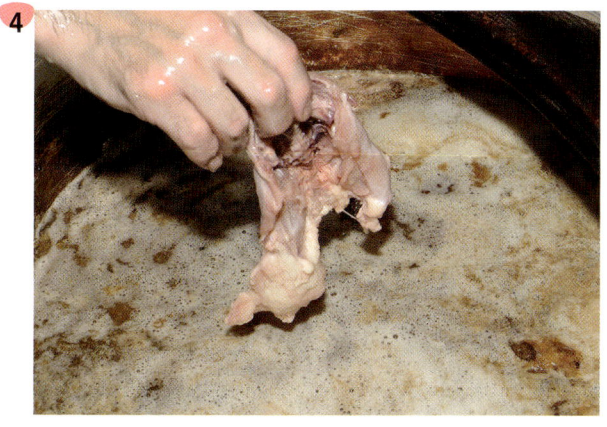

2 開始加熱的 1 小時後，從隔天使用的湯頭裡取出昆布，然後放入豬前腿骨，接著放入豬腳和切掉爪子的雞腳。雞腳會使湯頭變得略為黏稠。將昆布再次放入湯桶鍋裡並轉為小火繼續加熱。隔天使用的湯頭持續熬煮 14 個小時。過程中不撈取浮渣，由豬絞肉自行吸附。

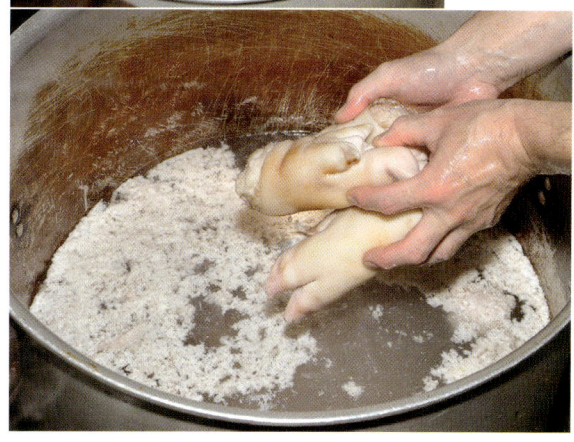

3 開始加熱的 3 個小時後，放入調味蔬菜，並且於熬煮 3 個小時後取出。

4 放入調味蔬菜的 1 個小時後放入叉燒肉，並且於燉煮 2 小時 30 分鐘後取出。

『魂の中華そば』的麵條

基本上當天製作的麵條於當天使用完。這款麵條的加水率高，口感Q彈有嚼勁，使用「飛龍」和「雀」2種小麥麵粉混合在一起製作。麵條硬度適中，掛湯力佳，為了讓顧客享受吸啜麵條的感覺，刻意將麵條切得比較長。搭配清湯系餐點時，會於煮麵前手工揉麵，打造捲曲有嚼勁的口感。1天製作80球左右的麵條，根據銷售情況，可能於午休時間再追加製作麵條。使用大成機械工業的製麵機。

材料

小麥麵粉（飛龍、雀）、粉末鹼水、鹽、水

作法

1 製作鹼水溶液。

2 攪拌鹼水溶液，連同小麥麵粉一起倒入製麵機中。攪拌7分鐘。

5 開始加熱的1小時30分鐘後，將裝有青蔥、鰹魚厚切柴魚片、本枯節、宗田節、鯖節等魚貝類食材的篩網放入昨天熬煮的清湯中。約熬煮1個小時30分鐘後，取出這些魚貝類食材。

6 自昨天熬煮的清湯中取出魚貝類食材和青蔥後，轉為小火，並且放入雞皮。撈取浮在表面的清澈油脂並倒入昨天未使用完的湯頭裡，熬煮好的湯頭於當天營業時使用。熬煮約5個小時後，取出所有食材。

68

魂の中華そば

5

3

進行粗整作業。用手將麵糊推入機器中，碾壓製作成粗麵帶。

4

進行2次複合作業，這時候的厚度是4㎜。接下來，邊撒手粉邊進行2次壓延作業。第1次壓延後為3㎜厚度，第2次調整為2㎜厚度。壓延作業完成後，以14號切麵刀切條。

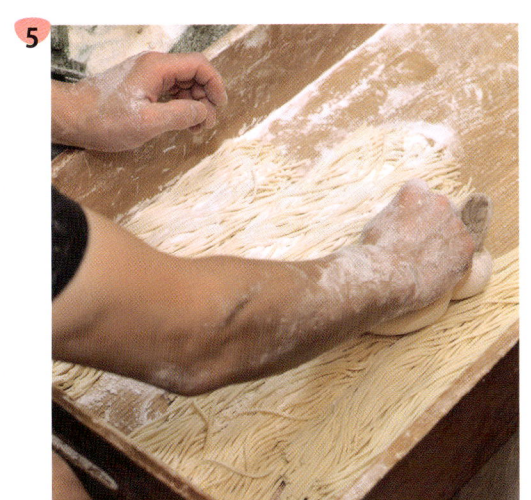

切條好的麵條直接放入麵條收納箱中並撒上手粉，不需要刻意捲成球狀。於客人點餐後再取所需分量。製作好的麵條放入1℃的冷藏室裡醒麵。從前一天未使用完的麵條開始使用。

『魂の中華そば』的筍乾

每天製作筍乾,盡可能除去筍乾刺鼻的臭味。一道深受客人喜愛的配料。

材料

乾燥筍乾、醬油醬汁、豆瓣醬等

作法

1 前一天先水煮乾燥筍乾,使其恢復原狀,過程中多次換水並重新煮沸。隔天再次加熱至沸騰。

2 將恢復原狀的筍乾放入大鍋裡,倒入醬油醬汁和豆瓣醬等。加熱過程中持續攪拌。

3 水分逐漸減少,顏色變成醬油色後,以澆淋方式倒入等量的沙拉油和芝麻油。先讓筍乾吸收醬汁後,再倒油進行拌炒。

魂の中華そば

『魂の中華そば』的叉燒肉

使用日本國產豬的豬肩胛肉製作叉燒肉。以湯頭熬煮豬肩胛肉 2 個小時 30 分鐘，然後醃漬在醬汁裡 3 個小時。叉燒肉醬汁採用添加補足的方式調製。

材料

豬肩胛肉（日本國產）、叉燒肉醬汁（醬油、酒等）

作法

1 先將豬肉解凍，放入第 1 天熬煮的清湯中，加熱約 2 小時 30 分鐘後取出，然後直接放入叉燒肉醬汁中醃漬 3 個小時。

『魂の中華そば』的溏心蛋

刻意將溏心蛋的調味調得比較清淡些。從 2023 年開始與埼玉的農家簽約，使用蛋黃顏色較深的「寶玉」雞蛋。

材料

雞蛋（寶玉）、醬油醬汁、水

作法

1 煮蛋時間為 5 分鐘。在醬油醬汁裡加水，然後將蛋醃漬在醬汁裡 1 整天。

4 收乾到一定程度後，將前一天未使用完的筍乾倒入鍋裡一起拌炒，約莫 10 分鐘。完成後於當天使用。

東京・野方

らぁめん ご恩

開業於 2022 年 3 月。老闆大澤剛先生曾任職於 KIWA CORPORATION 股份有限公司，歷經拉麵店和中華料理店等工作後，選擇在無關餐飲的業界服務 10 年左右。但因緣際會下，在「Japanese soba noodles 蔦」再次感受到拉麵的有趣，於是品嚐各家名店的拉麵後，決定獨立創業。以「使用容易取得的食材，花費時間和精力用心烹調」為宗旨，使用 500 隻日本國產雞的雞翅尖熬煮 7 小時，萃取濃郁鮮美的雞湯。除了招牌餐點「らぁめん塩（鹽味拉麵）」，充滿濃厚芝麻香氣且帶點辛辣味的「四川擔擔麵」也十分受到客人愛戴及捧場。

地址／東京都中野区大和町 1-13-7
營業時間／11 點～15 點
公休日／週二、第 2 及第 4 週的週三
10 坪・吧台 4 個座位、桌位 4 個座位

溏心蛋鹽味拉麵 1100 日圓

這是店裡最受歡迎的餐點。使用 500 隻日本國產雞的雞翅尖，並於烹煮前細心處理。大澤先生表示「試做時曾經使用雞骨架、全雞和雞腳，但唯獨這個部位熬煮出來的雞湯最能讓人感受到純粹的鮮美味道。」也曾經嘗試添加調味蔬菜，但調味蔬菜出水後容易破壞原有的鮮味，於是最終捨棄不用，只用雞翅尖和水熬煮湯頭。麵條部分特別向松本製麵所訂製，為的是搭配店裡獨特的湯頭。以九州產的小麥麵粉為主，共使用 3 種小麥麵粉製作細麵，使用 18 號切麵刀分切麵條，加水率為 38%。以醬油、味醂、砂糖、鰹魚高湯和鹽調製醬汁，並將溏心蛋浸漬在醬汁裡一整天。

らぁめん ご恩

「溏心蛋鹽味拉麵」上桌前的製作過程

1

在碗裡倒入15ml的鹽味醬汁和15ml的雞油。水煮麵條2分鐘。1人份麵量約為150g。

2

注入300ml的湯頭。盛裝的碗會先以微波爐加熱備用。

3

以平底大漏杓撈取麵條，調整好麵條形狀後放入碗裡。

4

盛裝叉燒雞肉、叉燒豬肉、筍乾、溏心蛋和九條蔥就完成了。

73

溏心蛋醬油拉麵 1100 日圓

這道餐點使用的湯頭和「鹽味拉麵」相同，但另外添加醬油以增加醬油香氣。在酒精揮發的日本清酒和味醂裡放入乾干貝、日高昆布、乾蝦，浸泡2天回軟，然後添加Kikkogo（キッコーゴ）的全大豆醬油、Kikkogo的五郎兵衛醬油、無添加醬油，加熱調製成醬油醬汁。置於冷藏室裡2天。添加雞油的拉麵，充滿濃郁撲鼻的雞鮮味。

らぁめん ご恩

「溏心蛋醬油拉麵」上桌前的製作過程

1 在碗裡倒入18ml的醬油醬汁、5ml的無添加醬油、15ml的雞油。

2 注入湯頭混合在一起。

3 放入麵條。1人份麵量為150g，煮麵時間為2分鐘。

2 盛裝叉燒雞肉、叉燒豬肩胛肉、筍乾、溏心蛋和九條蔥就完成了。

四川擔擔麵 1200日圓

一道充滿辣味、酸味和芝麻風味的人氣餐點。使用和拉麵一樣的湯頭，但另外添加以豆瓣醬和自製麻辣醬、芝麻醬調製的擔擔麵醬汁，使湯頭變得較為黏稠且濃郁，提升麵條的掛湯力。再使用店家自製的辣油增添色彩。主要配料為豬絞肉，以醬油和砂糖等慢慢燜炒豬絞肉（粗絞肉）30分鐘。

らぁめん ご恩

「四川擔擔麵」上桌前的製作過程

1 以小鍋取200ml的湯頭。

2 加入90ml的擔擔麵醬汁和5ml的醋,加熱至沸騰前關火。

3 煮麵時間為2分鐘。

4 將湯頭注入碗裡,並且放入煮熟的麵條。

5 放入50g的調味豬絞肉、榨菜、搗碎的花生,先在大碗裡放入2大匙醬油和1大匙芝麻油,然後關於榨菜配料的調味,先在大碗裡放入2大匙醬油和1大匙10ml的辣油。關於榨菜配料的調味,然後放入榨菜混拌均勻。最後再擺上蔥花就大功告成。

擔擔冷麵 1200 日圓

夏季限定的冷麵餐點。雖然帶有辣味,吃起來卻十分爽口。在攪拌盆裡倒入 450 ㎖的豆漿、450 ㎖的礦泉水、25 ㎖的醋混合在一起,然後添加擔擔麵醬汁調製成湯頭,冰鎮於冷藏室裡。使用和「拉麵」相同的麵條,但冰鎮過後有截然不同的口感。配料包含調味豬絞肉、2 片叉燒雞肉、小黃瓜和大蔥、榨菜、碎堅果。

「擔擔冷麵」上桌前的製作過程

1 麵條煮熟後，浸泡於冷水中使其變緊實。煮麵時間為3分鐘。

2 將麵條放入碗裡，倒入200ml的擔擔冷麵醬汁。

3 盛裝50g的調味豬絞肉、2片叉燒雞肉、小黃瓜和大蔥切段並過水後混拌在一起的配料。

4 最後放入5g的榨菜、碎堅果，然後澆淋辣油。

『らぁめんご恩』的湯頭

使用 500 隻雞翅尖熬煮 7 個小時後，靜置於冷凍庫。大澤先生表示將湯頭靜置在冷凍庫，有助於使「湯頭味道更濃縮且濃郁」。實際上，穩定的湯頭味道且更多客人願意將一整碗湯都喝完。曾經使用魚貝類食材熬湯，但一步一步嘗試後，發現還是使用雞翅尖熬煮的湯頭最美味。不會特別堅持雞的品種，但由於雞翅尖進貨量有限，所一天只能製作 60 碗的分量。處理掉雞翅尖的血水後，用剪刀將每個雞翅尖剪成一半，促使脊髓和雞肉鮮味釋放出來。

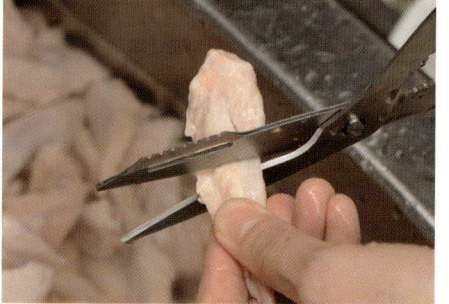

材料

雞翅尖、水

作法

1

將雞翅尖清洗乾淨並處理掉血水，用剪刀各自剪成一半。

2

將對半剪開的 500 隻雞翅尖放入湯桶鍋裡，加水後以大火加熱熬煮。

製作湯頭的過程

將對半剪開的雞翅先和水倒入湯桶鍋裡，以大火熬煮。

↓

撈取浮渣，完全撈除乾淨後轉為小火，保持微沸騰的狀態熬煮 7 個小時。

↓

進行過濾。放入專用冷凍櫃裡冷凍保存。

らぁめん ご恩

5

熬煮 7 個小時後,放入專用冷凍櫃裡冷凍保存。

3

撈除浮在表面的浮渣,直到湯頭表面完全沒有任何浮渣的狀態。

4

撈除浮渣後,轉為小火,在不加蓋的情況下,保持微沸騰狀態繼續熬煮 7 個小時。蓋上鍋蓋易使浮渣在整鍋湯裡翻攪,為避免湯頭混濁,務必留意不能蓋上鍋蓋。

『らぁめん ご恩』的鹽味醬汁

將乾干貝、日高昆布、乾蝦放入酒精完全揮發的日本清酒和味醂中浸泡2天（冬季浸泡3～4天），以乾貨精華為基底，然後添加3種鹽、礦泉水和少量糖，放入冷藏室裡靜置2天，並且於過濾後使用。為了保持醬汁的新鮮度，建議不要大量製作，1星期製作1次。開業初期沒有使用乾干貝，現在為了增加味道的層次感而開始添加乾干貝。

材料

日本清酒400 ㎖、味醂100 ㎖、乾干貝25g、日高昆布15g、乾蝦50g、礦泉水3公升、鹽（伯方鹽250g、蒙古岩鹽500g、ShimaMasu鹽250g）、砂糖5g

作法

1 加熱讓日本清酒和味醂的酒精蒸發。

2 趁熱將日本清酒和味醂注入裝有乾干貝、日高昆布、乾蝦的碗裡，浸泡2天。

3 將浸泡2天的乾貨倒入鍋裡，接著注入礦泉水、3種鹽和砂糖。主角是蒙古岩鹽，其他種類的鹽則用來增加圓潤口感。砂糖負責結合3種鹽，讓味道更為融合。放入砂糖後，加熱至鹽巴溶解就完成了。靜置於冷藏室2天，讓食材味道完全融入醬汁中，並且於過濾後使用。

らぁめん ご恩

『らぁめん ご恩』的擔擔麵醬汁

使用豆瓣醬、自製麻辣醬、鐵觀音茶等材料來調製濃度較高的醬汁。自製麻辣油醬中，漂浮在表面的油作為辣油使用，底層則為麻辣醬。

材料

鐵觀音茶 200 ㎖、醋 300 ㎖、醬油 850 ㎖、芝麻油 250 ㎖、
砂糖 250g、黑胡椒 35g、鹽 30g、粉末花椒 15g、
白芝麻醬 2kg、大蒜（一整顆）、豆瓣醬 180g、
自製麻辣醬 180g（花椒 25g、純辣椒粉 300g、沙拉油 1ℓ）

作法

1 將鐵觀音茶、醬油、芝麻油、砂糖、黑胡椒、鹽、粉末花椒、白芝麻醬倒入鍋裡混合在一起。

2 同時以沙拉油煸炒切末的整顆大蒜，飄出香味後，加入豆瓣醬和自製麻辣醬。麻辣醬的製作材料為花椒、純辣椒粉、沙拉油。將這些材料放入碗裡，澆淋180℃～190℃的熱油，慢慢攪拌調製而成。

3 以小火煸炒麻辣醬，飄出香味後，倒入混合好的1材料鍋裡。混拌均勻後靜置一晚就完成了。若沒有確實攪拌，辣油容易浮在表面造成分離。

83

『らぁめん ご恩』的擔擔麵調味豬絞肉

用於「四川擔擔麵」的豬絞肉。完全不用油,只以小火慢慢煸炒至入味。

材料

豬絞肉(粗絞,約 5 ㎜塊狀)1kg、醬油 200 ㎖、砂糖 200g

作法

1. 將豬絞肉(粗絞,約 5 ㎜塊狀)放入中華炒鍋裡,加入醬油和砂糖,以極小火慢慢煸炒 30 分鐘左右,直到完全入味。

『らぁめん ご恩』的擔擔冷麵醬汁

這款擔擔冷麵醬汁獨特的地方在於使用豆漿精心調製。兼具辣味與濃郁感,但吃起來又極為清爽。

材料

豆漿 450 ㎖、礦泉水 450 ㎖、醋 25 ㎖、擔擔麵醬汁 525g

作法

1. 將豆漿、礦泉水、醋倒入碗裡混合在一起。

2. 加入擔擔麵醬汁。混拌均勻後置於冷藏室裡冷藏就完成了。

らぁめん ご恩

『らぁめん ご恩』的叉燒豬肉

使用日本國產的豬肩胛肉製作叉燒肉。燉煮叉燒肉的醬汁以添加補足的方式調製，所以取出叉燒肉後，再另行調味並繼續使用。

材料

豬肩胛肉、醬油、日本清酒、砂糖、鹽

作法

1

使用日本國產豬肩胛肉。前一天先放入水中浸泡以去除血水，從冷水開始熬煮1小時30分鐘。

2

豬肩胛肉煮熟後放入醬汁中（以醬油3、日本清酒1、砂糖3和鹽1的比例調製），然後放入壓力鍋中煮15分鐘。放涼後放入冷藏室保存，第二天再使用。

2

時常攪拌一下。注意調味時別讓味道蓋過碗裡其他食材的鋒頭。

3

取出置涼後使用。

85

『らぁめんご恩』的叉燒雞胸肉

叉燒雞胸肉是營業當天早上烹煮並於當天使用。開業初期的作法是先調味再低溫烹調，現在改為先將肉煮熟煮軟後再進行調味，這種作法能使肉質口感保持濕潤且味道更穩定。

材料

雞胸肉、砂糖 10g、ShimaMasu 鹽 20g

作法

1 清洗日本國產雞胸肉的同時除去雞皮。

2 放入攪拌盆中，以 10g 的砂糖塗抹於雞胸肉上。均勻抹在雞胸肉上並非為了調味，而是為了讓肉質變得更柔軟。

3 將雞胸肉放入夾鏈袋中，然後進行低溫烹調。以 63℃ 的溫度烹煮 1 小時 10 分鐘，煮好後用冷水降溫。冷卻後放入加有 SHIMAMASU 鹽的水裡，浸漬 2 小時就完成了。開業初期採用先調味再進行低溫烹調的方式，現在改為先將雞胸肉煮熟後再調味，不僅肉質更柔軟，味道也更加穩定。

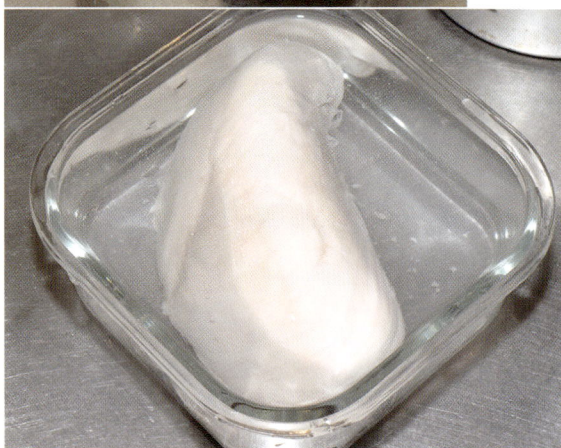

86

『らぁめん ご恩』的筍乾

先將鹽漬筍乾浸泡在水裡4天，4天後烹煮5分鐘入味，然後靜置1天就完成了。店家十分重視竹筍原有的蓬鬆口感。

材料

鹽漬筍乾、芝麻油50ml、味醂400ml、醬油250ml、水250ml、砂糖35g、鰹魚粉15g

作法

1

將鹽漬筍乾浸泡在水裡，1天換水2次，共浸泡4天。只換水而不用熱水氽燙，是為了保留竹筍原有的蓬鬆口感和味道。

2

烹煮浸泡4天的筍乾5分鐘後，倒掉熱水。

3

調味。鍋裡放入芝麻油，甩動鍋子讓芝麻油包覆所有筍乾以增加香氣。

4

倒入味醂、醬油、水、砂糖、鰹魚粉，以小火烹煮8分鐘，蓋上落蓋。8分鐘後關火，靜置一晚並於隔天再使用。

『らぁめん ご恩』的雞油

湯頭表面的雞油味道過於強烈，所以不使用，另外製作雞油。為了萃取雞油，先將所有雞肉脂肪切小塊後再使用。

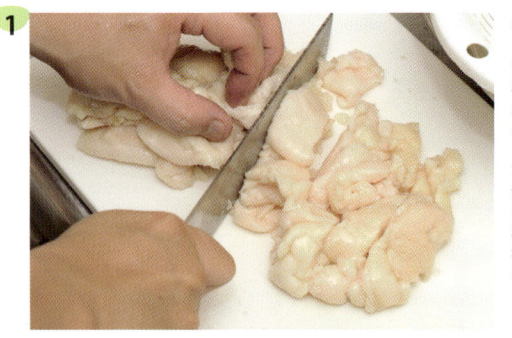

材料

雞肉脂肪

作法

1 將日本國產雞肉的脂肪切成適當大小。切塊是為了方便萃取雞油。

2 切塊後瀝乾並加熱。2.4kg的雞肉脂肪萃取1.2公升的雞油。以極小火熬煮1個小時。

3 過濾後當天使用。雞油變冷會使湯頭的溫度下降，所以要將雞油保存在保溫容器中，維持90℃的溫度。

『らぁめん ご恩』的溏心蛋

每天製作30顆左右的溏心蛋。放進溫熱醬汁中入味，靜置一晚後再提供給客人食用。

材料

醬油150㎖、味醂150㎖、水600㎖、砂糖24g、鰹魚高湯12㎖、鹽12g

作法

1 用針在雞蛋底部刺一個洞。

2 放入沸騰的熱水中煮6分30秒。

3 將醬油、味醂和水倒入鍋裡，添加砂糖、鰹魚高湯、鹽，加熱沸騰製作成醬汁。將蛋放入溫熱醬汁中入味，浸漬1天後再使用。

『らぁめん ご恩』的煮麵方法

一碗普通拉麵的麵量為150g，大碗則為200g。向松本製麵所特別訂製中粗直麵。以九州產的小麥麵粉為主，共使用3種小麥麵粉製作麵條。

煮麵方式

1 使用18號切麵刀分切，麵條加水率為38%。

2 讓麵條在裝滿大量熱水的大鍋裡游動，利用對流原理帶出麵條的鮮美味道。煮麵時間為2分鐘。

3 使用平底大漏杓撈麵。一次只煮1～2碗分量的麵條。

無論什麼蔥都能輕鬆快速切

生意興隆的得力助手・千葉工業所的精心傑作

拉麵店打造美味餐點時不可欠缺的食材之一就是蔥。隨著點餐人數增加，蔥的使用量也跟著大幅提昇，而蔥花就變成一項浩大工程。

這時候既能減輕辛苦作業，輕鬆切蔥，又能讓店面生意興隆的最佳得力助手就是以名配角之姿廣受好評的千葉工業所（股份有限工）製造的各種產品設備。

小幫手之一「蔥平Junior（ネギ平ジュニア）」，這是一台專門切白蔥的電動切蔥機，機器有2個投入口，分別切成蔥末和斜切蔥絲。機台體積小且輕巧，不但容易操作，也能安全又快速裝卸刀片，清洗時完全不費功夫。銳利的刀片高速旋轉，切蔥花絲毫不費力。機身的尺寸為180×270×310㎜，重量約2㎏。

小幫手之二「電動蔥丸120型」，這是一款能夠輕鬆切出近似人工手切白髮蔥絲的電動切蔥機。將蔥放進投入口，再以機器隨附的壓棒推壓，即可輕鬆切出白髮蔥絲。馬達和刀片部分都能簡單裝卸，再加上整個機身非常輕巧，就算每天清洗也完全不費吹灰之力。機身尺寸為200×370×375㎜，重量約5・5㎏，處理速度為3㎏/5分鐘。另外也有無芯類型。

最後介紹的是「手動SHIRAGA 2000・去除蔥芯型」，這是一款能夠輕鬆切出近似人工手切白髮蔥絲的手動切蔥機。只要將去除芯的蔥放進投入口，再以手搖方式轉動握把即可。圓形刀片緊緊扣住管狀蔥身，輕輕鬆鬆就能切出蔥絲。不僅容易清洗，也因為機身輕巧，直覺式操作非常輕鬆。機身尺寸為195×240×255㎜，重量約2㎏，處理速度為2㎏/10分鐘。另外也有保留蔥芯的類型。

小幫手之三「電動蔥丸120（電動ネギ丸120）」，只要是蔥，交給它準沒錯。高速旋轉的圓刀片緊緊扣住蔥身，無論是白蔥、青蔥、韭菜，都能在不溢出汁液的狀態下迅速又完美地切出蔥花。拆下馬達後，可以像手動切蔥機一樣整台置於水龍頭底下沖洗。另外，隨附能夠選擇厚度的裝置配件，只要將正面前蓋部分更換成切蔥絲的配件，就能將蔥切成絲狀或短條狀（取代白髮蔥絲），非常適合用來製作蔥拉麵。機身尺寸為470×240×360㎜，重量約7・4㎏，處理速度為3㎏/10分鐘（厚度1㎜的情況）。另外也有手動式「手動蔥丸120（手動ネギ丸120）」。

再來是小幫手之三「電動SHIRAGA 2000・保留蔥芯

拉麵店得力小幫手機器情報

電動 SHIRAGA 2000・保留蔥芯型

蔥平 Junior（ネギ平ジュニア）

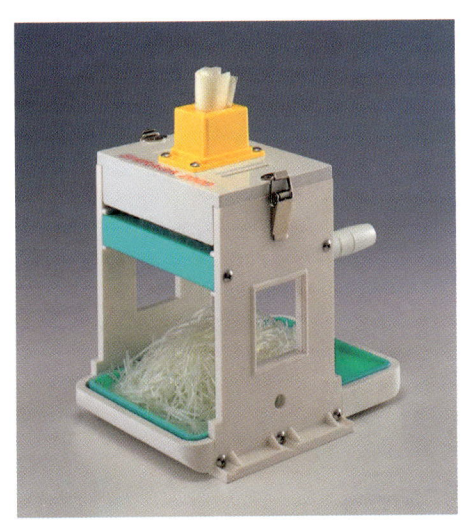

電動 SHIRAGA 2000・去除蔥芯型

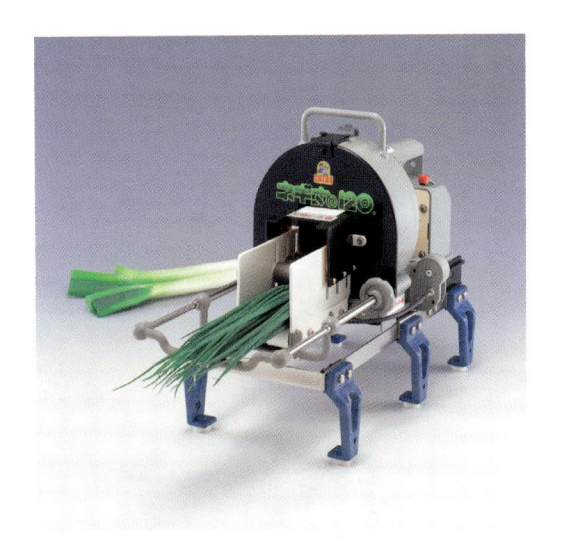

電動蔥丸 120（電動ネギ丸 120）

■諮詢／千葉工業所股份有限公司　〒273-0043　千葉県船橋市丸山4-53-14
　　　TEL:047-438-3411　https://www.chiba-ind.co.jp

東京・日本橋小伝馬町

中華そば
たた味

2021年3月開幕。使用動物類食材和高湯製作成味道濃郁且強烈的湯頭，搭配分量十足且口感Q彈的麵條，以及帶有焦香味，促使食慾大增的蔬菜等配料。獨具店家個人特色的拉麵每天都吸引不少客人上門排隊。招牌餐點為「活力中華」，不少客人會選擇搭配生雞蛋和白飯的套餐。拉麵餐點的特色之一是可以選擇免費配料，像是「大蒜」、「生薑」、「調味豬背脂」、帶有辣味的「香辣料」等。

地址／東京都中央区日本橋小伝馬町15-20
双葉ビルディング1階B号室
營業時間／11點30分～15點　18點～21點
公休日／週日（有時不定期公休）
10坪・9個座位

特製精力中華套餐（免費配料＝大蒜、豬背脂、香味料）　1570日圓

「精力中華」是店裡的招牌餐點。湯頭強烈，搭配帶有焦香味的炒蔬菜，整體味道濃郁。使用向淺草開花樓特別訂製的粗捲麵，以12號切麵刀切條。特製餐點的配料除了炒蔬菜和叉燒豬里肌肉，還有以醬油和味醂等叉燒醬汁調味的2片豬肩胛肉、3塊日本國產牛小腸（丸腸）。

中華そば たた味

「特製精力中華套餐」上桌前的製作過程

1 碗裡倒入醬油醬汁。

2 注入湯頭並放入煮熟的麵條。

3 盛裝炒蔬菜和叉燒肉塊。

4 接著擺上2片豬肩胛肉和3塊日本國產牛丸腸。

5 放入韭菜並撒些黑胡椒，以及免費配料和蒜末、豬背脂。

6 放在小碟子裡的免費配料「香味料」和白飯一起上桌。「香味料」並不是味道濃烈的香料，而是用來燴炒蔬菜和辣椒的油。有些客人喜歡以麵條沾生雞蛋吃，有些客人則喜歡將炒蔬菜和肉塊放在白飯上做成丼飯，依個人喜好享受各式各樣的吃法。

93

辛辣精力中華拉麵 1080日圓

辛辣系列的拉麵餐點。使用和「精力中華」相同的炒蔬菜和叉燒豬里肌肉塊等配料，但另外添加塔巴斯哥辣椒醬和豆瓣醬調製而成的「辣醬」，以及紅椒粉，一碗令人吃了就上癮，而且非常刺激味蕾的拉麵。辣味分為5級供客人選擇。在叉燒肉醬汁中添加蠔油，調製成炒蔬菜專用的醬汁。老闆鈴木裕介先生表示，分量十足的蔬菜和肉塊給人一種「用醬汁熬煮的印象」。

中華そば たた味

「辛辣精力中華拉麵」上桌前的製作過程

1 將「辣醬」放入碗裡。辣度「5」使用1份辣醬。以塔巴斯哥辣椒醬和豆瓣醬、芝麻油調製成辣醬。「辣醬」放得越多，辣度越高。最辣的「1」除了「辣醬」外，還添加辣椒素。

2 倒入醬油和醬汁混合在一起。由於醬汁裡有蒜泥，務必攪拌均勻。

3 注入湯頭。

4 放入煮熟的麵條。

5 盛裝炒蔬菜和肉塊。

6 最後放入韭菜，撒一些黑胡椒和紅椒粉。

無湯＋起司絲拌麵 1230日圓

2年前開始供應無湯系列的拌麵。1人份麵量約250g，比「精力中華」略多一些，不僅分量十足，還能夠直接品嚐麵條與醬油醬汁的美味，相當受到常客的青睞。同時也一併推出和這款拌麵非常契合，口口牽絲的付費配料起司絲。除此之外，配料還包含炒蔬菜、肉塊，以及辣味美奶滋和炸花枝等，一道充滿店家獨具創意的拉麵。

中華そば たた味

「無湯＋起司絲拌麵」上桌前的製作過程

1 在碗裡倒入炒蔬菜的油和醬油醬汁。

2 放入煮熟的麵條，將麵條和醬汁、油混拌均勻。

3 盛裝炒蔬菜和肉塊。

4 接著擺上韭菜並撒些黑胡椒。

5 放入薑絲。在碗的前側擠一些辣味美乃滋，對側放入炸花枝，側邊則是香氣十足的豬背脂。

6 最後放入付費配料的起司絲。

97

『中華そば たた味』的叉燒豬里肌肉

同蔬菜一起拌炒的日本國產豬里肌肉是「精力中華拉麵」的基本配料。醃漬在叉燒醬汁中1整晚，讓味道確實滲透至肉裡。1碗拉麵搭配3塊叉燒豬里肌肉，每塊約20g重。

材料

豬里肌肉、醬油醬汁（醬油、味醂、日本清酒、鮮味粉）

作法

1 將豬里肌肉放入熬煮湯頭的湯桶鍋裡，烹煮100分鐘。

2 煮熟後取出並醃漬在醬油醬汁裡。和叉燒豬肩胛肉醃漬在相同的醬油醬汁裡，但擺在叉燒豬肩胛肉的上方。醃漬用的醬油醬汁之後作為拌炒食材的調味料使用。

3 醃漬在醬油醬汁裡4個小時後，以保鮮膜包起來並置於冷藏室裡保存。靜置1天，於隔天使用。

4 將豬里肌肉切成塊狀，每塊約20g，炒蔬菜時放入鍋裡一起拌炒。1碗拉麵搭配3塊豬里肌肉。

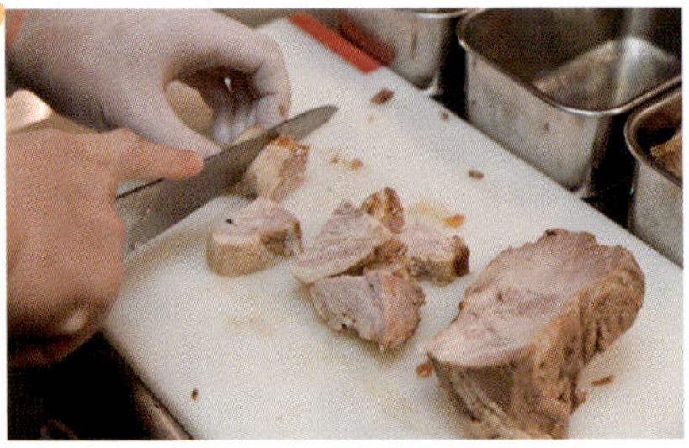

『中華そば たた味』的叉燒豬肩胛肉

叉燒豬肩胛肉不僅是特製餐點的配料，也能以付費配料的方式單獨提供。叉燒豬肩胛肉同時也是熬煮湯頭的食材之一。以醬油、味醂、日本清酒、鮮味粉調製的叉燒醬汁同時也作為拌炒蔬菜的醬汁使用。

材料

豬肩胛肉、醬油醬汁（醬油、味醂、日本清酒、鮮味粉）

作法

1 將豬肩胛肉放入熬煮湯頭的湯桶鍋裡，烹煮100分鐘。

2 煮熟後取出並醃漬在醬油醬汁裡。和叉燒豬里肌肉醃漬在相同的醬油醬汁裡，但為了讓叉燒豬肩胛肉更入味，所以讓豬肩胛肉沉在最底部。醃漬用的醬油醬汁之後作為拌炒食材的調味料使用。

3 醃漬在醬油醬汁裡4個小時後，以保鮮膜包起來並置於冷藏室裡保存。靜置1天，於隔天使用。

4 客人點餐後，再將叉燒豬肩胛肉切片盛裝至碗裡。

中華そば たた味

『中華そば たた味』的 日本國產牛丸腸

使用無腥味的日本國產牛丸腸製作的人氣配料，同時也是特製拉麵餐點的配料。營業時段內，丸腸放在煮麵機裡保溫，浸泡於湯裡避免表面變乾燥。

材料

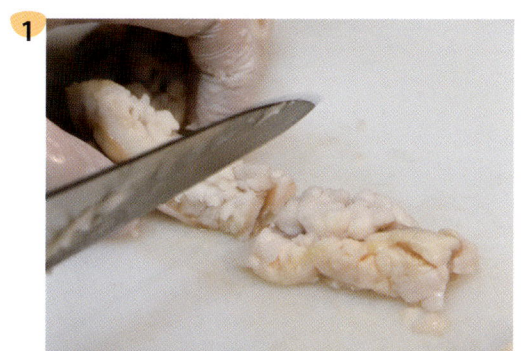

日本國產牛丸腸、炒物專用醬汁

作法

1

熬煮湯頭時，將切段牛丸腸一起放入湯裡烹煮。為了讓牛丸腸釋放美味的油脂，烹煮10分鐘左右。

2

在醃漬叉燒肉的醬汁裡添加蒜泥等調味料製作成「炒物專用醬汁」，以這種醬汁調味牛丸腸。

『中華そば たた味』的 炒蔬菜、肉塊

「精力中華拉麵」的基本配料。在醬油、味醂、日本清酒、鮮味粉調製的醬油醬汁裡添加蠔油和蜂蜜、上湯（高湯）、蒜泥作為拌炒食材的專用醬汁，用這些醬汁燴炒洋蔥和肉。以醬汁燉煮的概念烹調蔬菜和肉塊。

材料

叉燒豬里肌肉、洋蔥、蔥、炒物用油、專用醬汁

作法

1

以炒物用油燴炒切塊洋蔥和斜切蔥段。3人份的分量為3把洋蔥和1把青蔥。炒物用油是取自熬煮湯頭時浮在表面的油和雞油混合而成。

2

蔬菜類開始微焦時，將切成塊狀的叉燒豬里肌肉倒在蔬菜上。

3

整體拌炒3分鐘左右，接著倒入適量專用醬汁混拌均勻。專用醬汁為醃漬叉燒肉的醬油醬汁添加蠔油、上湯、蜂蜜和蒜泥調製而成。

『中華そば たた味』的豬背脂（調味豬背脂）

深受客人喜愛的免費配料。每天使用 3 kg 左右的豬背脂製作調味豬背脂。調味豬背脂的醬汁以叉燒肉醬油醬汁為基底，另外添加蒜泥調製而成。

材料

豬背脂、湯頭、醃漬叉燒肉的醬油醬汁、蒜泥

作法

1

將豬背脂放入熬煮湯頭的湯桶鍋裡烹煮 1 個小時 40 分鐘左右。1 小時 40 分鐘後，如果豬背脂仍舊偏硬，可用刀子稍微在豬背脂表面劃幾刀，然後繼續烹煮一下。

『中華そば たた味』的醬油醬汁

材料

醬油、味醂、日本清酒、鮮味粉、蒜泥

作法

1

將醬油、味醂、日本清酒、鮮味粉混合在一起，然後加入蒜泥調製成醬油醬汁。若不添加蒜泥，就是製作成叉燒肉的醃漬醬汁。在叉燒肉的醃漬醬油醬汁裡添加蠔油、上湯、蜂蜜、蒜泥，則可調製成炒物專用的醬汁。

中華そば たた味

4 移除豬背脂裡的豬筋後,放入熬煮湯頭的湯桶鍋裡。

2 過濾豬背脂的同時,自湯桶鍋裡取出豬背脂。

5 置涼後保存。營業前倒入鍋裡,再次以搗碎器搗細碎,營業時段內則置於煮麵機上的網架保溫。

3 在醃漬叉燒肉的醬油醬汁中添加蒜泥製作成調味醬汁,然後和豬背脂混合在一起,以搗碎器搗細並混拌均勻。倒入些許湯頭以利攪拌。

101

關於「切片機」

過去切片機主要用於切割生火腿或義大利香腸等加工肉品，但切片機的用途其實比想像中更廣泛。販售生肉的店鋪、火鍋、烤肉餐點的日式餐廳、拉麵店等多種餐飲店都經常需要使用切片機，而烤肉店更是從很久以前就使用切片機處理冷凍牛舌和五花肉。

切片機的最大優點是操作簡單，即便是兼職的計時人員也能將肉片切得工整又厚薄一致。不需要高操技術，也不需要特別聘請高薪的資深廚房人員。

另外也有特別著重於性能的切片機，像是對肉片厚薄度有特殊需求，從1㎜以下的超薄肉片到1㎝厚度的牛排肉片，皆能自行調整。配合肉品的種類和部位特性，以毫米為單位，自由切割所需厚薄度的肉片。

除此之外，也有著重多用途功能的切片機，可用於切高麗菜、洋蔥等蔬菜，以及鮑魚等非肉品食材。若使用得當，甚至能夠用來處理各式各樣的食材。

田崎製作所還有各種類型的切片機，店家能夠依照自身需求挑選最適合的機型。「J-250」重量17kg，最大切片厚度為13㎜。「AGS300S」重量29kg，最大切片厚度為13㎜。「AC300S」重量29kg，最大切片厚度為13㎜。

田崎製作所同時也提供快速且全方位的保養維修服務。

除了功能方面的選擇性，還提供各式各樣的機器規格。像是不占用廚房空間的小型切片機，推薦給小規模餐飲店使用。機器本身的零件不多，清洗和保養相對輕鬆。感覺刀片不夠銳利時，只需要按一下按鍵，即可簡單又安全地研磨刀片。刀片使用年限長也是一大優點。即便每天研磨且長年使用，刀片依舊維持一定水準的鋒利度。

田崎製作所股份有限公司生產的「ABM切片機」機身小巧玲瓏，能夠直接擺在桌上使用，而且性能卓越。義式風格的設計，擺在開放式廚房裡既時尚又不突兀。

機身為鋁製材質，容易清洗，外觀也更顯乾淨衛生。以特殊不鏽鋼材質打造圓形刀片，既銳利又可以長時間使用，女性也能輕鬆研磨刀片。

────────

■歡迎諮詢
株式会社田崎製作所
〒116-0012
東京都荒川区東尾久2-48-10
☎ 03（3895）4301
FAX 03（3895）4304
http://www.tazaki.co.jp/

▶ 方便實用的機器

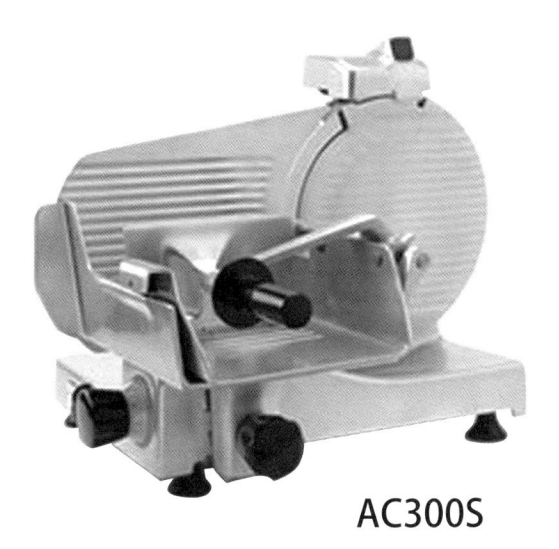

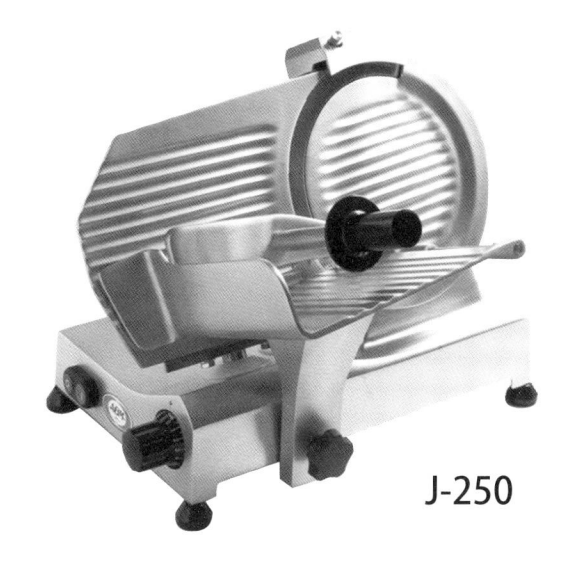

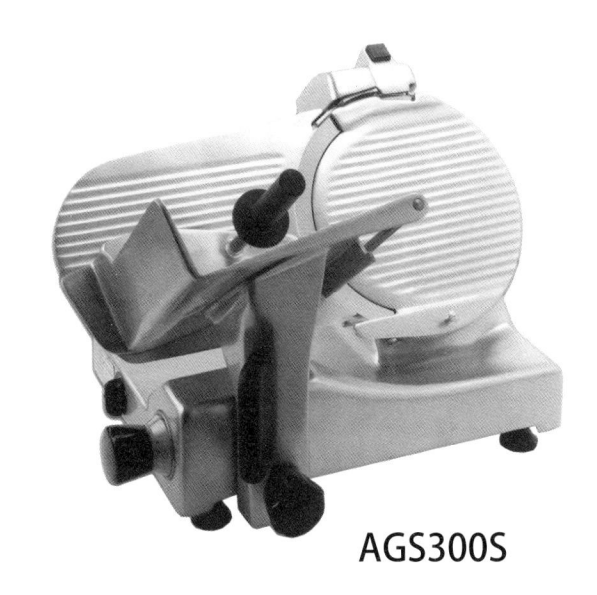

AC300S

J-250

AGS300S

東京・十条

らーめん専門
Chu-Ru-Ri チュルリ

2019年1月開幕。老闆關口翔也先生自學生時代便在拉麵店打工，包含那段時間在內，關口先生共經歷了8年的拉麵店磨練，最終完成心願獨立創業。拉麵店四周有大學、專門學校，因此距離最近的JR十條車站總有不少年輕人上下車。另一方面，這裡也有許多居住當地已久的本地人，所以除了提供清湯和白湯2種湯頭，鹽味、醬油、味噌也都是店裡的常備口味，一次滿足不同顧客的需求。只要追蹤店家的IG和X（舊名推特），每次消費都會贈送免費配料，或者店家自行萃取的冰咖啡、自製醃漬小菜，對常客的細心服務深受好評。

地址／東京都北区上十条3-9-7
營業時間／11點～15點
　　　　　17點30分～21點
公休日／週一
9坪・11個座位

特製芳醇鹽味拉麵　1300 日圓

「芳醇鹽味」拉麵的湯頭是使用雞腳、雞骨架、日高昆布、叉燒肉專用的豬五花肉等食材熬煮的清湯。過濾時將清湯倒在鰹節上以增添鰹魚風味。鹽味醬汁則是使用伯方鹽和味醂、日本清酒調製而成。另外，以白絞油煸油分蔥，製作成分蔥油作為風味油使用。「特製拉麵」會另外以盤子盛裝叉燒豬五花肉、叉燒豬肩胛肉、溏心蛋、水煮日本油菜、魚板等配料供客人享用。

「特製芳醇鹽味拉麵」上桌前的製作過程

1 以瓦斯噴火槍炙燒叉燒豬五花肉。

2 將1和叉燒豬肩胛肉、水煮日本油菜、筍乾、溏心蛋、魚板盛裝於盤子裡。將醬油醬汁倒入噴霧器裡，上桌前在叉燒豬五花肉上噴一些醬汁。

3 碗裡倒入鮮味粉、純辣椒粉、鹽味醬汁、分蔥油。

4 注入300ml的清湯混合在一起。

5 放入煮熟的細麵。1人份麵量為150g，煮麵時間為45秒左右。

6 盛裝白蔥、叉燒豬肩胛肉、筍乾、水煮日本油菜、魚板和海苔片。

雙重鰹魚雞肉中華蕎麥麵 950 日圓

以白湯為湯頭。在過濾成清湯後的食材中加水熬煮，使用標準鑽頭攪拌機攪拌並過濾，接著和炒洋蔥、過濾清湯時使用的鰹節混合在一起，並且再次以攪拌機攪拌熬煮成白湯。盛裝叉燒豬肩胛肉、低溫烹調的叉燒雞胸肉、炸洋蔥等配料，最後撒上粗研磨黑胡椒。

らーめん專門 Chu-Ru-Ri

「雙重鰹魚雞肉中華蕎麥麵」上桌前的製作過程

1. 在碗裡倒入鮮味粉、純辣椒粉、魚粉、蒜泥、雞油、醬油醬汁。

2. 注入300ml的白湯。

3.  放入煮熟的中粗麵。1人份麵量為180g，煮麵時間為2分30秒左右。

4. 盛裝白蔥、低溫烹調的叉燒豬肩胛肉、低溫烹調的叉燒雞胸肉、水煮日本油菜、筍乾、魚板、炸洋蔥等配料。

5. 最後放上海苔片，撒一些粗研磨黑胡椒。

『らーめん専門 Chu-Ru-Ri』的清湯

「芳醇鹽味」拉麵搭配的湯頭是清湯。使用雞骨架、雞腳、日高昆布、叉燒肉專用的豬五花肉等食材熬煮而成。剛開業時曾經添加豬前腿骨一起熬煮，但如果按照原本的熬煮方式，也就是萃取成清湯後，在剩餘食材中加水繼續烹煮，並且使用攪拌機攪拌熬成白湯，但由於無法將豬前腿骨充分攪拌細碎，再加上目標是熬煮濃郁中帶有清爽感的白湯，於是便決定不再添加豬前腿骨。雞骨架和雞腳的用量大致相同。過濾時將湯倒在鰹節上以增添鰹魚風味，而過濾時使用的鰹節繼續作為熬煮白湯的食材。

材料

雞骨架、雞腳、日高昆布、生薑、大蒜、
豬五花肉、薄削鰹節

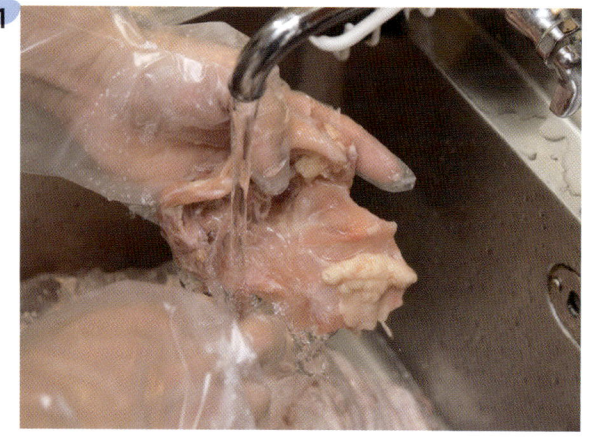

作法

1

稍微清洗雞骨架並移除內臟。為了方便烹煮白湯時的攪拌作業，事先拔掉雞脖子。

2

在湯桶鍋裡裝水，放入雞腳、清洗過的雞骨架，開始加熱後再放入日高昆布。

製作清湯的過程

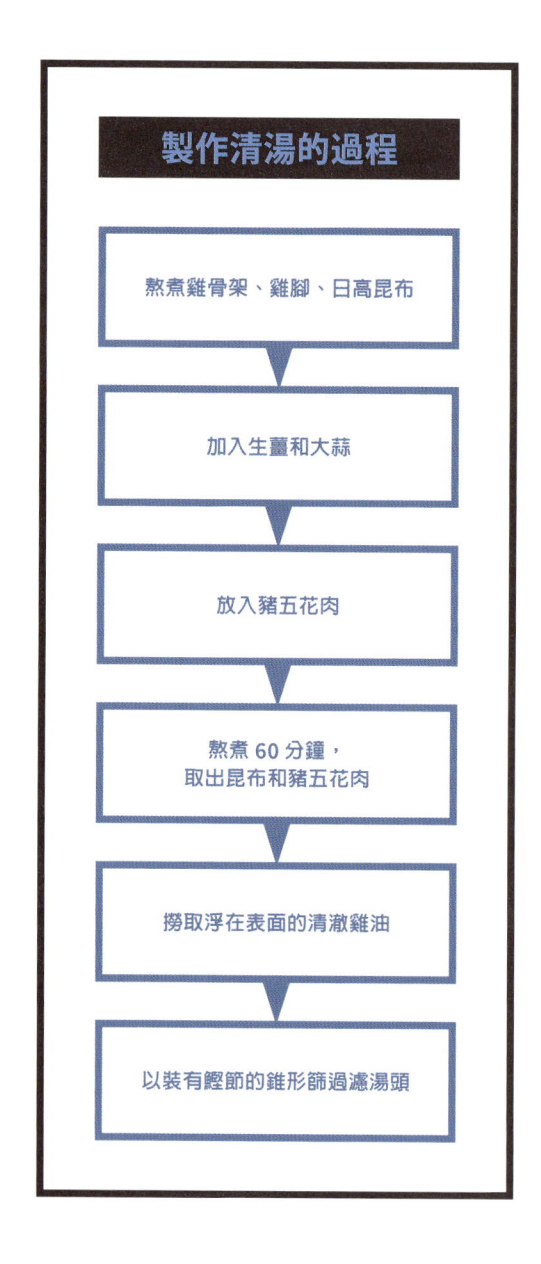

熬煮雞骨架、雞腳、日高昆布
↓
加入生薑和大蒜
↓
放入豬五花肉
↓
熬煮 60 分鐘，取出昆布和豬五花肉
↓
撈取浮在表面的清澈雞油
↓
以裝有鰹節的錐形篩過濾湯頭

108

らーめん専門 Chu-Ru-Ri

3 撈除浮渣，放入切片生薑和橫切大蒜片。

4 煮沸之後，放入叉燒肉專用的豬五花肉，蓋上鍋蓋熬煮60分鐘。

5 60分鐘後取出昆布和豬五花肉，將豬五花肉醃漬在叉燒肉專用醬油醬汁裡。撈取浮在表面的清澈雞油。

6 進行過濾。將薄切鰹節放入錐形篩中，從上方注入湯頭過濾。注入湯頭時，用筷子撥開鰹節，讓鰹魚的風味融入過濾後的湯頭中。過濾後剩餘的湯頭，以及過濾時使用的鰹節再活用作為熬煮白湯的材料。

『らーめん専門 Chu-Ru-Ri』的白湯

「雙重鰹魚雞肉中華蕎麥麵」搭配的湯頭為白湯。熬煮清湯後，在剩餘湯頭裡加入足量的水，邊攪拌邊熬煮成白湯。使用攪拌機攪炒洋蔥和過濾清湯時使用的鰹節，然後再與白湯混合在一起，製作成高濃度的白湯。白湯的主角是雞骨架、雞腳，雖然濃郁，但喝起來極為清爽，這也是白湯的最大特色之一。

材料

過濾成清湯後的剩餘湯頭、炒洋蔥、大蒜雞油、過濾清湯時使用的鰹節

作法

1

煸炒洋蔥。煸炒洋蔥時所使用的油是先前熬煮湯頭且添加大蒜後所撈取的雞油。確實將切片洋蔥炒至呈金黃色。

2

在過濾成清湯後的剩餘湯頭裡添加足量的水。在煮沸之前，每隔15分鐘用攪拌機攪拌一次。

製作白湯的過程

以雞油煸炒切片洋蔥，完成炒洋蔥
↓
在過濾成清湯後的剩餘食材裡添加足量的水繼續熬煮
↓
每隔15分鐘1次，用標準鑽頭攪拌機攪拌
↓
進行過濾
↓
以攪拌機攪拌炒洋蔥、過濾清湯時使用的鰹節、過濾後的湯頭

らーめん専門 Chu-Ru-Ri

5

在炒洋蔥和過濾清湯時使用的鰹節中，少量逐次添加白湯並以攪拌機攪拌。最後將攪拌後的食材和白湯混合在一起就完成了。

3

在煮沸之前，每隔15分鐘用攪拌機攪拌一次，確實攪拌5次，讓雞骨架和雞腳都呈粉末狀。

4

使用濾網過篩。

東京・大山
支那ソバ おさだ

開幕於 2021 年 12 月，老闆長田翔先生曾在東京・目黑的名店「支那ソバ かづ屋」當廚助，苦學 10 年後獨立創業。以當初名店的「餛飩麵」和長田先生自己獨創的「擔擔麵」這 2 種特性迥異的餐點作為店裡的 2 大支柱，緊緊抓住慕名而來的客人與當地居民的味蕾。使用製麵機每天製作當天所需的麵條和餛飩皮。湯頭為使用動物類和魚貝類雙主角熬煮的濃郁湯頭。致力於打造「不僅湯頭要清澈，還要保留拉麵特有的『狂野』風味」，充滿獨特濃郁感和風味的餐點。

地址／東京都板橋区大山金井町 38-1
營業時間／週一、週日、國定假日　11 點～15 點
週二、週四、週五　11 點～14 點、18 點～20 點
（賣完即打烊）
公休日／週三和週六（有時不定期公休）
14 坪・13 個位子

餛飩麵　1100 日圓

在「支那蕎麥麵」裡添加餛飩的餛飩麵是店裡最受歡迎的品項。湯頭為使用動物類和魚貝類雙主角熬煮的濃郁湯頭。配料之一的叉燒肉，主要使用豬肩胛肉，醃漬在醬汁中並淋上蜂蜜，再放入 200℃ 的烤箱中烘烤。取出烘烤時產生的肉汁，撈除多餘油脂後進行熬煮，以醬油基底的蕎麥麵調味醬稀釋，調製成拉麵專用的醬油醬汁。除此之外，添加蔥油和熬煮湯頭時產生的油，致力於打造優雅又充滿衝擊性的美味。

支那ソバ おさだ

「餛飩麵」上桌前的製作過程

1 在碗裡倒入醬油醬汁。

2 放入切細碎的蔥花和風味油。

3 於客人點餐後，以小鍋取湯頭加熱再注入碗裡。

4 放入煮熟的麵條。

5 放入煮熟的餛飩。

6 放入筍乾、自製叉燒肉、海苔等配料。

擔擔麵 1050日圓

為店裡自行研發的招牌餐點之一，特色是自製的芝麻醬和辣油。使用和「餛飩麵」相同的湯頭，以動物類和魚貝類食材熬煮濃郁湯頭。至於芝麻醬部分，使用炒白芝麻和店裡自製的炸腰果，並以食物調理機研磨後調製而成。客人點餐後，將芝麻醬和湯頭混合在一起加熱，再以打蛋器打發至乳化，打造濃厚圓潤的口感。配料包含以豆瓣醬和甜麵醬調味，充滿甜辣味的豬絞肉、榨菜、筍乾等。

支那ソバ おさだ

「擔擔麵」上桌前的製作過程

1. 將湯頭倒入小鍋裡，添加自製芝麻醬後加熱。充分加熱並以打蛋器攪拌至稍微乳化。

2. 在碗裡倒入醬油醬汁和自製辣油。

3. 接著在碗裡加醋和花椒。

4. 將加熱後的湯頭注入碗裡，輕輕混拌均勻。

5. 放入煮熟的麵條。

6. 擺上以豆瓣醬和甜麵醬燴炒調味的豬絞肉、筍乾、榨菜、切細碎的青蔥等配料。

115

『支那ソバ おさだ』的中細麵

雖然屬於中細麵，但整體偏細一點。以偏細的麵條和煮麵的火候控制讓麵條保持柔軟滑順口感。基本加水率為35％，並且視情況進行調整。每次製作麵條時記錄當天的氣溫和加水率，並且參考與當天製麵室溫度相似的製麵紀錄，進行加水率的調整。開業初期的麵條加水率為45％，但無法打造出理想中的麵條寬度，於是改為現在的35％加水率。以同樣的小麥麵粉製作餛飩皮。自開幕時便使用品川麵機的製麵機。每次製作麵條時約使用7～11kg的小麥麵粉。

材料

牛若（日穀製粉）、鹼水、雞蛋（全蛋）、水、鹽

作法

1 攝影當天的製麵室溫度為22.5℃，參考類似這個溫度的製麵紀錄後，將加水率設定為36％。將全蛋和鹼水溶液混合在一起。鹼水用量佔小麥麵粉量的1％，鹽的用量也是佔小麥麵粉量的1％。混合後的溫度約10℃。因此夏季製麵時會使用水和冰塊幫忙降溫。11kg的小麥麵粉使用1～2顆全蛋。

2 不需要事先空轉麵粉，而是將小麥麵粉和鹼水溶液混合後再攪拌6分鐘。以低速攪拌的同時，分次倒入少量鹼水溶液。

3 攪拌6分鐘後先暫停，刮下沾附在攪拌機葉片和邊緣的麵團，以及蓋子上的麵粉，然後測量麵團溫度，以最終為25.5℃為目標。第1次攪拌後，麵團溫度若為22.8℃左右，將第2次攪拌後的最終溫度設定在25.5℃。第2次攪拌時間為6分鐘，但根據第1次攪拌後的麵團溫度，可能將第2次攪拌時間調整為5分鐘。進行拍攝的當時，第1次攪拌後的麵團溫度為23.3℃，由於溫度略高，所以第2次攪拌時間減少為5分鐘。

4 第2次攪拌後的麵團溫度為25.2℃。確認麵團觸感和顏色，呈現理想的乳白色狀態。

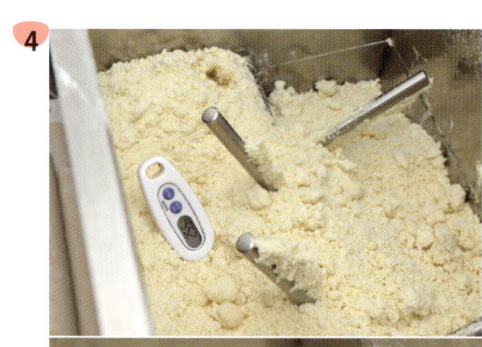

支那ソバ おさだ

5 進行粗整作業，碾壓成較薄的粗麵帶。

6 縮小刻度範圍，以中速進行2次複合作業。用塑膠袋包住麵帶，靜置15分鐘。

7 15分鐘後，再次縮小刻度範圍，進行1次壓延作業。

8 使用22號切麵刀進行分切作業，在切好的麵條上撒手粉，捲起來放在麵條收納箱中，靜置10分鐘後再移至冷藏室保存。

『支那ソバ おさだ』的煮麵方法

按照在「支那ソバかづ屋」當學徒時所學習的方法,使用平底大漏杓煮麵。靜置一晚且水分蒸發的麵條容易沉入鍋底,所以煮麵時要讓麵條在熱水中充分漂動。為了保留口感,煮麵時間為1分5秒左右。

作法

1

用筷子將麵條攤開在整個煮麵鍋裡,撥動麵條約10秒鐘,接著稍微靜置一下,待麵條浮上來後再撈起。

『支那ソバ おさだ』的湯頭

使用雞骨架、全雞、豬前腿骨、背骨、豬里肌肉、少量蔬菜等熬煮成動物類湯頭,以及使用昆布、香菇、日本鯷小魚乾、鰹節、鯖節、圓花鰹節等熬煮成魚貝類湯頭,將兩種湯頭混合在一起使用。

作法

1

在快要營業之前,將動物類湯頭和魚貝類湯頭以5:4的比例混合在一起,並於客人點餐後,以小鍋取所需分量加熱。

支那ソバ おさだ

2

在鍋裡將麵條順整齊，並且撈至平底大漏杓上瀝乾。由於是細麵且使用平底大漏杓撈麵，所以煮4份麵條時，第1份和第4份的煮熟速度不太一樣，要視情況快速撈起麵條並瀝乾。

東京・阿佐ケ谷

麵処 源玄

開幕於 2020 年 2 月。老闆伊東正博先生擁有多年的餐飲經驗，也曾經在拉麵店工作。後來於 2020 年獨立創業。店裡使用雞肉（醬油）、貝類（鹽味）、魚乾 3 種食材分別熬煮湯頭。曾有樂團經驗的伊東先生表示「拉麵的魅力在於複雜豐富的味道，就好比 band sound。」所以他將這種理念反應在打造拉麵的味道上。堅持不添加鮮味粉，使用優質素材，提供「能夠安心食用的拉麵」。店裡的餐點受到廣大客群的愛戴及捧場，常見絡繹不絕的客人攜家帶眷上門。

地址／東京都杉並区阿佐ケ谷南 2-17-3-1F
營業時間／11 點 45 分～15 點
平日 18 點～20 點
公休日／週四
約 7 坪・吧台 5 個座位席，2 桌

特製醬油 Soba 1180 日圓

和「鹽味 Soba」同為店裡最受歡迎的餐點。使用京櫻的全雞和美櫻雞的雞骨架等雞肉食材、本節和日高昆布等魚貝類食材、調味蔬菜，以及數種醬油混合在一起的醬油醬汁熬煮湯頭。「雖然第一口的印象不強烈，但餘味繚繞不絕」，越多吃一口，越品嚐得到每種食材的鮮味。不喜歡雞油充滿濃烈的雞味，所以使用名古屋交趾雞的雞油搭配調味蔬菜、本節、柴魚花等調製店裡專用的雞油。特製醬油 Soba 的配料包含低溫烹調後再以烤箱烘烤的三元豬豬肩胛肉、低溫烹調的雞胸肉、雞腿肉、餛飩、雞肉丸子、溏心蛋、九條蔥、柚子皮。

麵処 源玄

「特製醬油 Soba」上桌前的製作過程

1 以小鍋取雞湯頭加熱。

2 在碗裡倒入15ml的雞油、20ml的醬油醬汁、蔗砂糖。

3 煮麵時間為1分10～15秒。特別向菅野製麵所訂製麵條，使用22號切麵刀分切的細麵。1人份麵量為130g。

4 注入300ml的湯頭。

5 將煮熟的麵條放入碗裡，使用2雙筷子輔助將麵條順理整齊。

6 擺上豬肩胛肉、雞胸肉、雞腿肉、餛飩、雞肉丸子、溏心蛋、大量的蔥，最後在蔥上面擺放柚子皮就完成了。

小魚乾 Soba（鹽味）溏心蛋配料 1000 日圓

這是一道使用產自九十九里的 2 種小魚乾，並且熬煮 3 個小時的拉麵，有醬油口味和鹽味供客人選擇。小魚乾的鹹味隨季節而略有不同，老闆每天都會試喝以確保味道的穩定性。將米糠油和橄欖油混合在一起，然後放入魚乾醃漬一晚，隔天以小火慢慢熬煮 2 個小時製作成風味油。另外，以花蛤、蜆仔、剝殼牡蠣、扇貝、櫻桃寶石簾蛤、扇貝粉、干貝等貝類搭配日高昆布、本節、少量蜂蜜、7 種鹽等食材，熬煮後靜置熟成 2 個星期製作成鹽味醬汁。

麺処 源玄

「小魚乾 Soba（鹽味）溏心蛋配料」上桌前的製作過程

1 使用煮麵機加熱溏心蛋。

2 為避免叉燒豬肩胛肉變乾，於客人點餐後才進行切片。

3 碗裡放入小魚乾油、鹽味醬汁、少許略焦的青蔥。

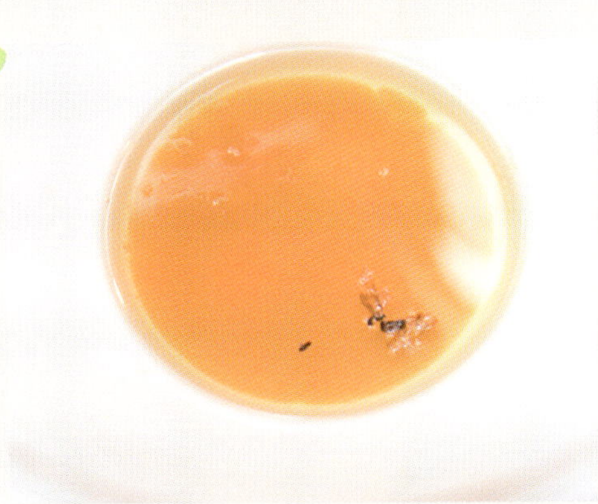

4 注入魚乾湯頭。基本上注入 300 ㎖ 的湯頭。

5 將煮熟的麵條放入碗裡，使用2雙筷子輔助將麵條順理整齊。煮麵時間為1分10～15秒。1人份麵量為130g。

6  盛裝豬肩胛肉、九條蔥、紅洋蔥、柚子皮、蘿蔔芽、溏心蛋就完成了。

『麵処 源玄』的雞湯頭

湯頭的主角是8～9隻的京櫻全雞和5kg的美櫻雞骨架。然後添加叉燒肉的不成形邊角肉和4kg的日本國產小雞翅、魚貝食材、調味蔬菜，以及40公升的水慢慢熬煮。開業初期會添加雞腳，但黏稠感和理想中的拉麵形象不符合，所以後來便不再使用。調味蔬菜的功用是提取天然甜味。由於店裡只有單人作業，往往無法在適當時機放入魚貝類食材，於是提前將食材鋪於湯頭上層，開始加熱的4個半小時後，食材逐漸沉入底部。而為了促進桶裡的湯能夠形成對流，將萃取高湯後的貝類鋪在圓形深桶鍋底部，這也是店裡的獨門技巧之一。在取出食材之前，放入500g的鰹魚柴魚片，增加整體柔和的香氣。除了雞湯頭外，也熬煮魚貝湯頭和魚乾湯頭，雖然需要花費更多時間與精力，但優點是熬煮成果不佳時，更容易找出問題所在。

材料

全雞（京櫻雞）8～9隻、雞骨架（美櫻雞）5kg、小雞翅4kg、
叉燒豬肉、叉燒雞肉等不成形的邊角肉、日高昆布10片、
本節700g、鰹魚柴魚片500g、香菇蒂、芹菜、洋蔥、生薑片、
劃刀痕的蒜頭、剩餘的九條蔥、略少於40公升的π水

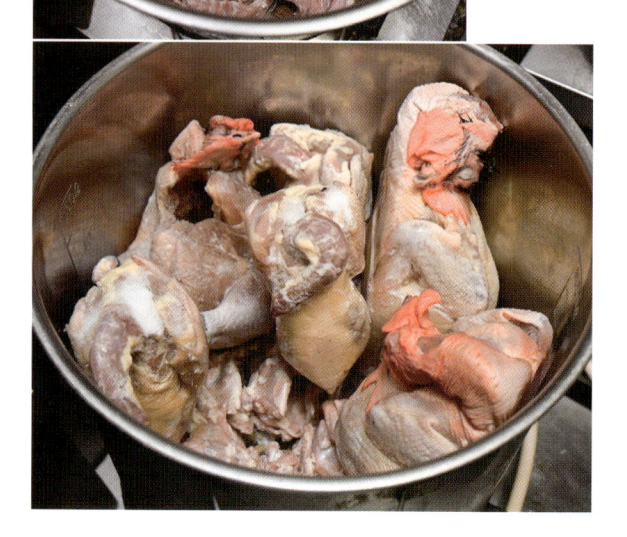

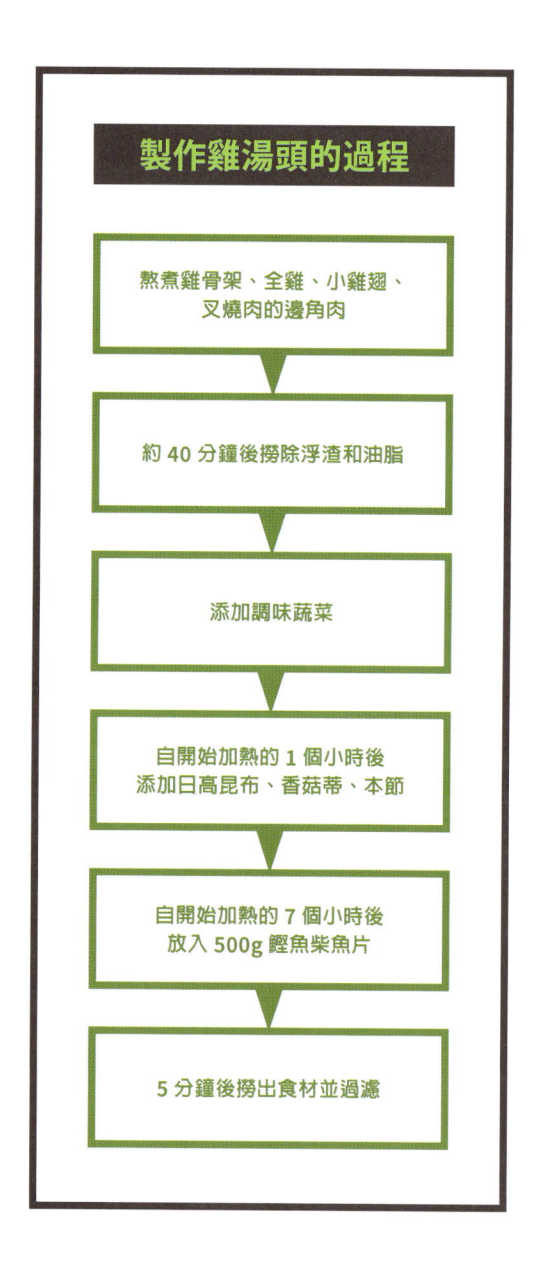

作法

1

將萃取高湯後的貝類鋪在圓形深桶鍋底部，依序放入前一天去除內臟且浸泡水中去血備用的雞骨架、半解凍狀態的全雞。

製作雞湯頭的過程

- 熬煮雞骨架、全雞、小雞翅、叉燒肉的邊角肉
- 約40分鐘後撈除浮渣和油脂
- 添加調味蔬菜
- 自開始加熱的1個小時後添加日高昆布、香菇蒂、本節
- 自開始加熱的7個小時後放入500g鰹魚柴魚片
- 5分鐘後撈出食材並過濾

麵処 源玄

2 接著放入小雞翅和略少於40公升的水，將火候轉至最大。

3 熬煮40分鐘後撈除浮渣、脂仔細地撈除乾淨。湯頭置涼後分離出來的油脂也要一併撈除乾淨。

4  調整火候至最小，撈除浮渣讓湯頭變清澈，接著放入調味蔬菜。以逆紋方式切洋蔥，盡量讓洋蔥釋出甜味。

5 自開始加熱的1個小時後，放入日高昆布和香菇蒂，再將700g本節鋪在最上面。自開始加熱的大約4個半小時後，本節漸漸沉入湯裡。

6 自開始加熱的3個半小時後，香菇蒂也沉入湯裡。

『麵処 源玄』的魚乾湯頭

魚乾湯頭的主角是產自九十九里的日本鯷魚乾,為了增加味道的豐富性,選用味道強烈且油脂較多的大魚乾和味道圓潤高雅的小魚乾2種。單用大魚乾熬湯的話,魚乾味道過於強烈,所以改用現在這樣的形式。魚乾的鹹味隨季節大幅改變,必須每天試吃並確認味道,然後透過調整醬汁用量和油量來穩定湯頭味道。摘除魚乾的頭部和內臟,味道會過於乾淨,所以刻意保留以增添風味。湯頭的溫度和熬煮時間幾經無數次的試驗,最終設定為熬煮至85℃後持續熬煮3個小時。

製作魚乾湯頭的過程

熬煮魚乾、日高昆布、香菇蒂、本節

▼

30分鐘後撈除浮渣。
加熱湯頭並維持85℃的溫度

▼

完成前的30分鐘加入柴魚片

▼

自開始加熱的3個小時後關火,撈出食材並急速冷卻

⑦

自開始加熱的7個小時後,放入500g約小鍋分量的食材後,分裝至2個小尺寸的湯桶鍋,接著再倒入大尺寸的湯桶鍋裡混合在一起。以冰水急速冷卻後放入冷藏室保存,並且於隔天使用。取出一定濃度後,再次倒回2個小湯桶鍋裡。以冰水急速冷卻後放入冷藏室保存,並且於隔天使用。取出的鰹魚柴魚片,並於烹煮5分鐘後撈出所有食材並過濾。

麺処 源玄

材料

2種產自九十九里的魚乾、本節、香菇蒂、日高昆布、柴魚片、π水

作法

1 將3片日高昆布、香菇蒂、2種魚乾、本節、π水放入湯桶鍋裡，加熱至85℃。之所以使用香菇蒂，主要因為香菇的傘狀部位味道過於強烈。

2 湯頭的溫度達80℃時，味道開始逐漸釋放，所以要經常攪拌一下。

3 開始加熱的30分鐘後，撈除浮渣。溫度達85℃後，維持這個溫度並繼續熬煮。

4 完成前的30分鐘，放入柴魚片。

『麵処 源玄』的醬油醬汁

單純使用高價位的醬油，味道過於圓潤，也可能導致整體味道失衡，所以刻意添加少量平價醬油。

材料

甘露醬油、HIGETA 超特選醬油、下總醬油、湯淺醬油、砂糖、味醂、蘋果醋、鹽滷

作法

1

將甘露醬油、HIGETA 超特選醬油、下總醬油混合在一起作為基底，然後添加湯淺醬油。不另行加熱以保留醬油的風味。

5

開始加熱的 3 個小時後關火並將食材撈出來。確認顏色無誤後進行過濾。連同鍋子放入裝滿水的湯桶鍋裡急速冷卻，然後放入冷藏室裡保存並於隔天使用。

麵処 源玄

『麵処 源玄』的溏心蛋

溏心蛋是店裡最受歡迎的配料。使用 Maximum 濃蛋，而醃漬醬汁以醬油為主，另外添加日本清酒、味醂、蠔油、大蒜、生薑。以補足的方式調製醃漬醬汁。

材料

溏心蛋、醬油、清酒、味醂、蠔油、大蒜、薑

作法

1. 用煮沸的熱水煮蛋6分25秒，醃漬在醬汁中2～3個小時，然後靜置於冷藏室裡3天。

『麵処 源玄』的鹽味醬汁

鹽味醬汁使用 7 種貝類食材調製而成，另外添加昆布、節類、蜂蜜以增添味道的豐富性。其中也包含 7 種不同的鹽。

材料

貝類（花蛤、蜆仔、剝殼牡蠣、扇貝、櫻桃寶石簾蛤、扇貝粉、干貝）、日高昆布、本節、蜂蜜（少量）、7 種鹽

作法

1. 熬煮所有食材，靜置熟成 2 個星期。

『麵処 源玄』的風味油

照片中由左上方開始，依順時針的方向各自為魚乾油、貝類油、雞油、源玄 BLACK Soba 專用油。根據餐點品項使用 4 種不同的風味油。基本上 1 碗麵使用 20 ㎖的風味油，只有雞油部分是 15 ㎖。

『麵処 源玄』的 叉燒豬肩胛肉

使用三元豬的豬肩胛肉製作叉燒肉。以低溫烹調方式去除豬肉特有的腥味，而重要關鍵在於事先用味道較為強烈的鹽巴調味並去除多餘水分。最後以烤箱烘烤，控制在不乾柴且不會過生的程度。

材料

三元豬的豬肩胛肉、
叉燒醬汁（醬油、味醂、辛香料、香蒜粉）

作法

1 在豬肉上撒鹽並靜置一晚的狀態。

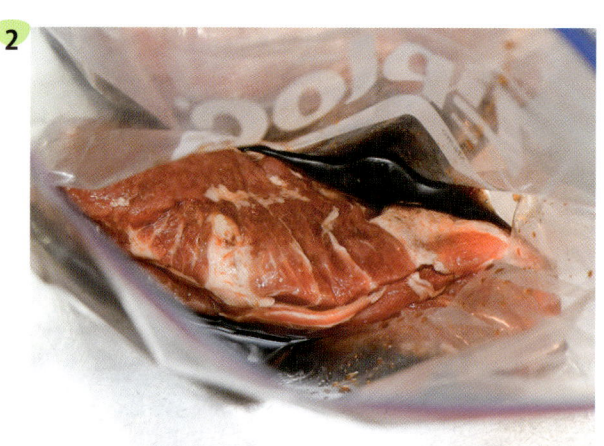

2 將整塊肉放入夾鏈袋中，並且添加叉燒醬汁。

3 抽掉空氣後以62℃的溫度低溫烹調7個小時。放涼後靜置一晚。

4 隔天以300℃的烤箱烘烤10分鐘。為了增添焦香味，烘烤一下再使用。

麺処 源玄

『麺処 源玄』的叉燒雞腿肉

可以作為特製拉麵的配料,也可以單點的叉燒雞肉。浸泡一天讓味道確實滲透至雞肉裡,以烤箱烘烤增添香氣。

材料

雞腿肉、醬油、味醂

作法

1

將雞肉醃漬在醬油和味醂中一晚,隔天以烤箱烘烤。只有特製拉麵餐點才會搭配叉燒雞腿肉。

『麺処 源玄』的叉燒雞胸肉

開業初期的調味比較清淡,放入拉麵裡無法突顯雞胸肉的存在感,所以改為現在較為強烈的調味。

材料

雞胸肉、鹽、砂糖、胡椒、蠔油

作法

1

將雞胸肉整形壓平,浸泡在以水、鹽、砂糖、胡椒、蠔油混合在一起的鹽醃液裡一晚。隔天將整塊雞胸肉放入夾鏈袋中,以62℃低溫烹調7個小時。

『麺処 源玄』的麵條

向管野製麵所特別訂製麵條。使用22號切麵刀分切成細麵。老闆伊東先生表示「正因為有這種麵條,才有店裡的拉麵餐點。口感和小麥香氣都非常足夠,適合用於任何一道限定餐點。」

鹽そば 時空

東京・高井戸東

老闆和田正史先生在廣島縣三原市與拉麵結緣,因深受當地拉麵的吸引而決定自行開業。自從決定創業後,先請親朋好友、相關人員、Instagram 上結識的友人共 522 名試吃並完成最終餐點「鹽味蕎麥麵」,只使用乾貨,不使用動物類食材的無化學調味料拉麵。另一方面,「醬油拉麵」則搭配以動物類食材為主軸的湯頭,吸引不少忠實粉絲捧場。2023 年 8 月開幕後,立即獲得知名拉麵評論家的高度評價,也因此迅速躋身排隊名店的行列中。

地址／東京都杉並区高井戶東 4-14-7
營業時間／11 點 30 分～售罄
公休日／週一（也可能不定期公休）
10 坪・8 個座位

特製動物類食材熬煮醬油之餛飩蕎麥麵 1500 日圓

使用豬背骨、全雞、雞胸骨和雞頭熬湯,這是「醬油蕎麥麵」的專用雞高湯,充滿層次感和濃郁的鮮味。在魚貝和乾貨熬煮的高湯中添加雞翅和豬肉,打造深厚層次分明的醬油醬汁。自 2024 年 2 月起,開始提供店裡自製的餛飩作為配料。餛飩皮也是請供應商經多次試作才完成的精心傑作。

132

鹽そば 時空

「特製動物類食材熬煮醬油之餛飩蕎麥麵」上桌前的製作過程

1 在碗裡倒入醬油醬汁、雞油。

2 注入加熱後的湯頭。

3 使用平底大漏杓撈起麵條，瀝乾的同時將麵條在平底大漏杓上順理整齊。

4 盛裝叉燒豬肩胛肉燉肉、低溫烹調的叉燒豬肩胛肉、叉燒大山雞肉等配料。

5 盛裝筍乾，中間擺放切成細條狀的叉燒豬五花肉。

6 放入九條蔥、餛飩。

『鹽そば 時空』的「醬油蕎麥麵」湯頭

比起開業初期，豬背骨和雞頭的使用比例增加了。起初是熬煮成清湯，但發現充分熬煮後的湯頭味道更顯鮮美，於是現在會多花點時間熬煮至湯頭略顯濃稠醇厚。雞頭和雞腳一樣富含膠質，而且更容易萃取高湯，所以現在都選用雞頭作為熬湯食材。

材料

豬背骨、全雞、雞胸骨、雞頭、人參、青蔥、洋蔥、大蒜、乾香菇、生薑

作法

1 將切開的豬背骨稍微汆燙一下，沖水的同時去除脊髓部分，然後用棕刷清洗乾淨。

2 汆燙全雞，沖洗內部的同時去除殘留的內臟。

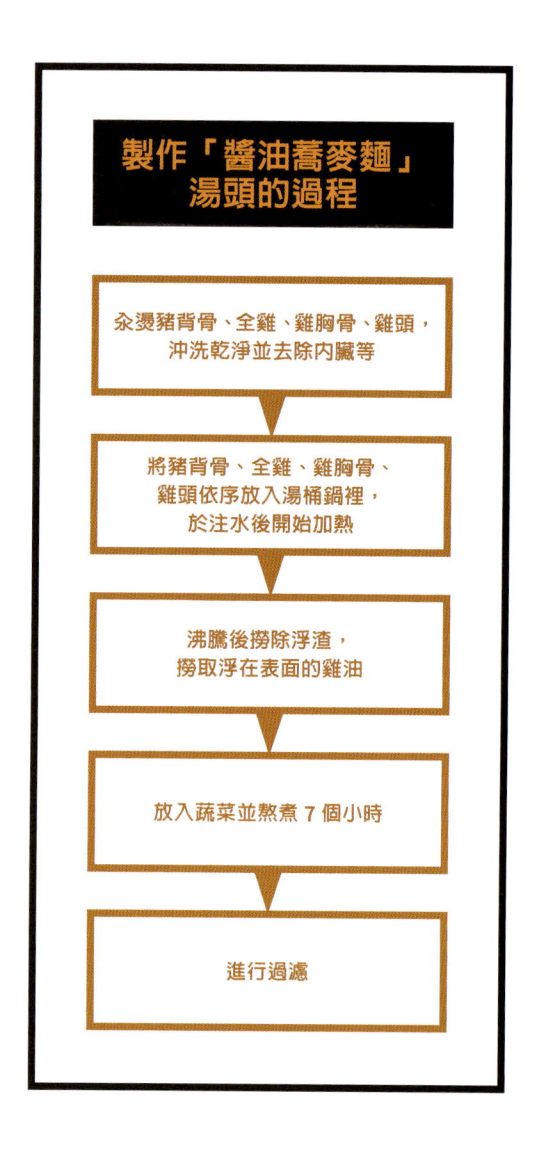

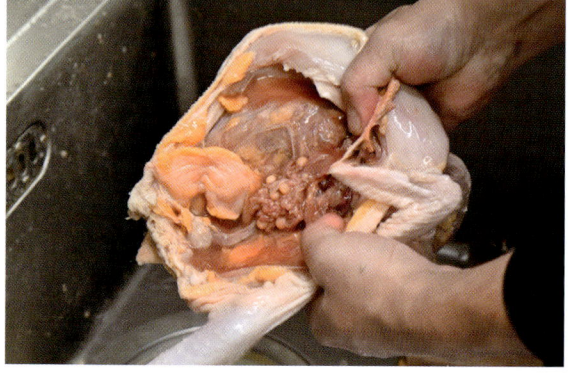

製作「醬油蕎麥麵」湯頭的過程

- 汆燙豬背骨、全雞、雞胸骨、雞頭，沖洗乾淨並去除內臟等
- ↓
- 將豬背骨、全雞、雞胸骨、雞頭依序放入湯桶鍋裡，於注水後開始加熱
- ↓
- 沸騰後撈除浮渣，撈取浮在表面的雞油
- ↓
- 放入蔬菜並熬煮7個小時
- ↓
- 進行過濾

鹽そば 時空

『鹽そば 時空』的紅燒肉
叉燒豬肩胛燉肉

叉燒豬肩胛燉肉和豬五花肉一樣都放入醬油醬汁中熬煮。熬煮2個小時後取出，並於置涼後放入冷藏室，讓肉質更加緊縮紮實，最後以切片機切成薄片作為配料。

材料

豬肩胛肉、醬油醬汁（濃味醬油、砂糖、日本清酒、水）

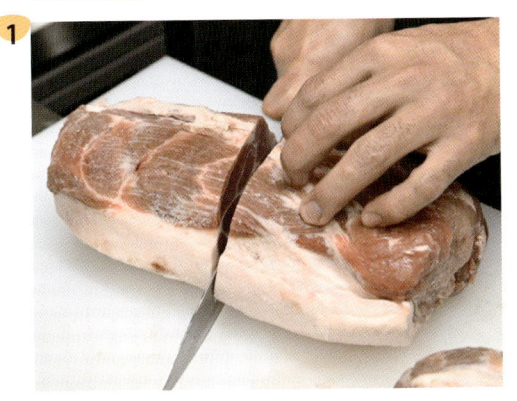

作法

1 切除豬肩胛肉的豬筋部位，然後對半切開。

2 放入醬油醬汁中熬煮2個小時，煮沸後撈除浮渣。熬煮2個小時後，自醬油醬汁中取出豬肩胛肉，置涼後放入冷藏室保存。

3 冷卻後以切片機切成薄片作為配料。

3 汆燙雞胸骨，沖洗的同時去除殘留的雞心和雞肺。

4 汆燙雞頭，用流動清水一個一個搓洗乾淨。

5 按照硬度依序將豬背骨、全雞、雞胸骨、雞頭放入湯桶鍋裡，注水後開始加熱。沸騰後撈除浮渣。撈取浮在表面的雞油，然後放入蔬菜繼續熬煮7個小時，完成後過濾。

135

『鹽そば 時空』的 醬油醬汁

結合雞翅的濃郁鮮味、熬煮叉燒肉的醬油醬汁，以及鰹節、昆布、香菇萃取的高湯調製成醬油醬汁，味道更具層次感且充滿濃厚鮮味。搭配雞湯頭使用時，風味與香氣的細緻度更上一層樓。醬油醬汁採取現做方式，不用萬年滷汁的形式，快每次快用完時重新調製。

材料

A
雞翅、淡味醬油、紅酒、真昆布、乾香菇
B
水、宗田節
C
水、鹽、鰹魚柴魚片、真昆布、乾香菇、紅酒
D
大蒜醬油、濃味醬油、熬煮豬肩胛肉的滷汁

作法

1

將 A 食材混合在一起熬煮。昆布切成能夠浸泡在鍋裡的大小，另外，配合昆布將香菇切成適當大小。紅酒的功用是去除腥味。以小火熬煮，沸騰後繼續烹煮45分鐘。

『鹽そば 時空』的 叉燒豬五花肉

由於叉燒豬五花肉是切條後作為配料，因此熬煮時不需要捲起來綁線。如同豬肩胛肉，放入醬油醬汁中熬煮。

材料

豬五花肉、醬油醬汁（濃味醬油、砂糖、日本清酒、水）

作法

1

不需要事先將豬五花肉捲起來綁線。如同豬肩胛肉，放入醬油醬汁中熬煮 2 個小時。

2

煮沸後撈除浮渣。熬煮 2 個小時後，自醬油醬汁中取出豬五花肉，並於置涼後放入冷藏室保存。

3

冷卻後以切片機切成薄片，然後再切成條狀作為配料。

鹽そば 時空

3

2

2 沸騰後，轉為小火並繼續熬煮 45 分鐘，然後劑型過濾。

熬煮 B 的宗田節，過濾後和 C 食材混合一起熬煮。

『鹽そば 時空』的雞油

材料

水、全雞

作法

1 熬煮整隻雞，撈取雞油作為「醬油蕎麥麵」的專用雞油。熬煮後雞不再使用。

4 將大蒜醬油、熬煮叉燒肉的醬油醬汁、濃味醬油倒入過濾後的 ③ 裡面，混合在一起。

5 熬煮 45 分鐘後，置涼後冷藏保存。去除凝固於表面的油脂後過濾，然後和 ④ 混合在一起，作為「醬油蕎麥麵」的專用醬油醬汁。

138

『鹽そば 時空』的餛飩

材料

自製餛飩皮、豬絞肉、雞腿絞肉、九條蔥、鹽、蠔油、濃味醬油、自製生薑醬油（醬油、日本清酒、生薑、味醂）、「醬油蕎麥麵」的湯頭、太白粉

作法

1 
九條蔥切成細蔥花，加入一撮鹽巴混合一起幫助脫水。

2  
將 1 和雞腿絞肉、豬絞肉、蠔油、濃味醬油、自製生薑醬油充分混拌在一起。雞腿絞肉和豬絞肉的比例為 2：7。自製生薑醬油為切成粗塊的生薑浸漬在醬油裡調製而成。

3  
倒入醬油蕎麥麵專用的湯頭混拌在一起。

4  
倒入太白粉混合在一起。

『鹽そば 時空』的筍乾

材料

鹽漬筍乾、味醂、日本清酒、鰹魚柴魚片、醬油

作法

1 用清水沖洗鹽漬筍乾4～5次，去掉多餘鹽分。

2 去掉鹽分後瀝乾。

3 在鍋裡倒入味醂、日本清酒、裝在茶包袋裡的鰹魚柴魚片，加水煮沸。

5 用自製餛飩皮包餛飩。煮熟需要大約3分鐘。

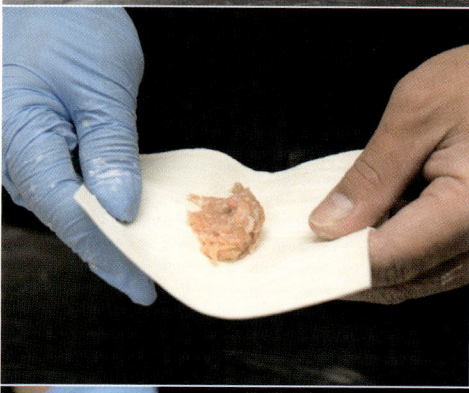

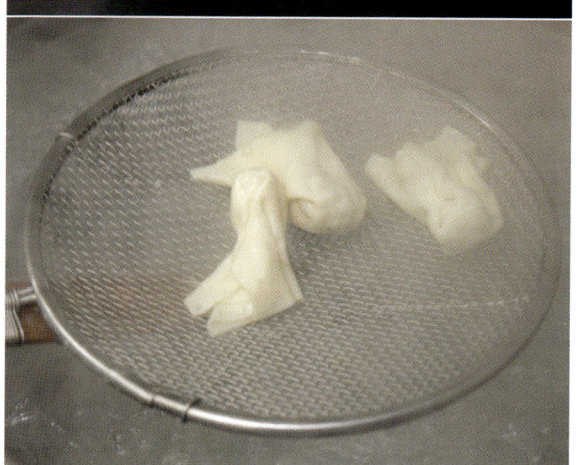

『鹽そば 時空』的中粗麵

材料
雙力（日清製麵）、麩質麵粉、蛋白、鹼水、水

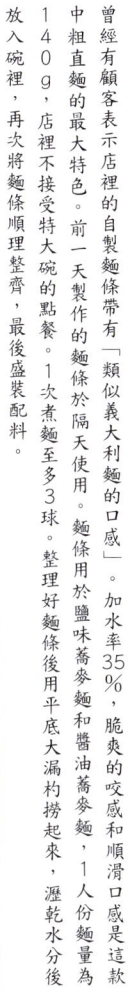

作法

曾經有顧客表示店裡的自製麵條帶有「類似義大利麵的口感」。加水率35%，脆爽的咬感和順滑口感是這款中粗直麵的最大特色。前一天製作的麵條於隔天使用。麵條用於鹽味蕎麥麵和醬油蕎麥麵，1人份麵量為140g，店裡不接受特大碗的點餐。1次煮麵至多3球。整理好麵條後用平底大漏杓撈起來，瀝乾水分後放入碗裡，再次將麵條順理整齊，最後盛裝配料。

沸騰後加入醬油，然後放入去掉鹽分的筍乾。

時而攪拌一下，熬煮至湯汁收乾。

麵屋武藏 職人魂究極拉麵調理技法

堅持創新，引領業界新風潮打造出「此店獨有的美味」讓連鎖體系不再是限制發展的枷鎖

麵屋武藏十四間店招牌餐點製作流程公開！

從材料到製作步驟，全彩照片配文字解說，美味不藏私！

開一間拉麵店所需要的食譜，盡在本書！

定價 880 元　全彩 / 288 頁 / 20.7 x 28 cm

名店精選 美味拉麵調理技術

精選12間日本人氣排隊拉麵名店，帶你一窺非大型連鎖體系的小店獨門絕學

秉持著對拉麵的熱誠，熬煮出獨一無二、無法模仿的專屬湯頭

從湯頭到醬汁、叉燒肉的作法，彩圖搭配詳細步驟一目了然。

另有部分店家的製麵技法，想開店的人必然不能錯過的好書！

定價 480 元　全彩 /160 頁 / 18.2 x 25.7 cm

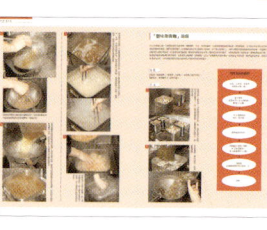

燒肉料理技術與開店菜單

探訪56間別具特色的店家、271道融入各式巧思的燒肉料理，遍覽各地店家的實務經驗，重新發掘燒肉的全新可能，將新時代燒肉店不可或缺的革新創意與訣竅匯集於此，解密人氣名店門庭若市，屹立不搖的獨門絕學。

「認識肉品特質」、「鑽研處理方式」、「解析調理手法」、「研發新創菜單」吸收市場常勝軍的寶貴經驗，並重新檢視前述的關鍵運作模式，將決定你的店舖是否能在新時代的激戰區成為顧客絡繹不絕的市場寵兒！

定價 600 元　全彩 / 224 頁 / 18.2 x 25.7 cm

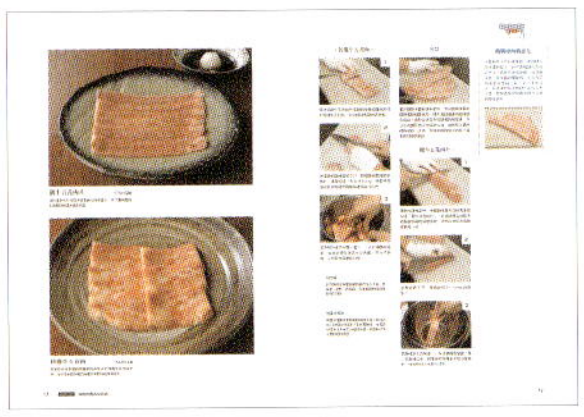

繁盛名店 人氣壽司・特色壽司 精緻祕技

各位壽司迷、壽司店長注意啦！本書集結來自繁盛名店的人氣壽司祕技，特別收錄壽司文化與經營之道，是壽司控最想了解的知識與食譜，也是開店創業的最佳參考菜單！

從東京、大阪、福岡到北海道的生意興隆壽司店，每一口都是大師級的精湛手藝。書中提供各式壽司的創意組合與製作方法，搭配精美的實物照片，讓讀者能夠更直觀地體驗壽司的魅力，當然還有那些讓人垂涎欲滴的獨家祕訣！

定價 550 元　全彩 /152 頁 / 20.7 x 28 cm

TITLE

極致嚴選　拉麵名店的構想與調理法

STAFF

出版	瑞昇文化事業股份有限公司
編者	旭屋出版編輯部
譯者	龔亭芬
創辦人 / 董事長	駱東墻
CEO / 行銷	陳冠偉
總編輯	郭湘齡
文字主編	張聿雯
美術主編	朱哲宏
校對編輯	于忠勤
國際版權	駱念德　張聿雯
排版	曾兆珩
製版	明宏彩色照相製版有限公司
印刷	龍岡數位文化股份有限公司
法律顧問	立勤國際法律事務所　黃沛聲律師
戶名	瑞昇文化事業股份有限公司
劃撥帳號	19598343
地址	新北市中和區景平路464巷2弄1-4號
電話	(02)2945-3191
傳真	(02)2945-3190
網址	www.rising-books.com.tw
Mail	deepblue@rising-books.com.tw
初版日期	2025年4月
定價	NT$480 ／ HK$150

ORIGINAL JAPANESE EDITION STAFF

撮影	曽我浩一郎（旭屋出版）／大滝恭昌、野辺竜馬
デザイン	富川幸雄（Studio Freeway）
編集・取材	井上久尚／河鰭悠太郎、大畑加代子

國家圖書館出版品預行編目資料

極致嚴選拉麵名店的構想與調理法/旭屋出版編輯部編；龔亭芬譯. -- 初版. -- 新北市：瑞昇文化事業股份有限公司, 2025.03
144面 ; 20.7 X 28公分
ISBN 978-986-401-813-0(平裝)

1.CST: 麵食食譜 2.CST: 烹飪 3.CST: 日本

427.38　　　　　　　　　114001192

國內著作權保障，請勿翻印 ／ 如有破損或裝訂錯誤請寄回更換
Ninki Ramen Ten No Tyourihou To Kangaekata
© ASAHIYA SHUPPAN 2024
Originally published in Japan in 2024 by ASAHIYA SHUPPAN CO.,LTD..
Chinese translation rights arranged through DAIKOUSHA INC.,KAWAGOE.